堆肥百问答

于跃跃　郭　宁　刘　瑜　编著

中国农业科学技术出版社

图书在版编目（CIP）数据

堆肥百问答 / 于跃跃，郭宁，刘瑜编著. --北京：中国农业科学技术出版社，2023. 6（2023.11 重印）
ISBN 978-7-5116-6292-7

Ⅰ. ①堆…　Ⅱ. ①于… ②郭… ③刘…　Ⅲ. ①堆肥－问题解答　Ⅳ. ①S141.4-44

中国国家版本馆CIP数据核字(2023)第096366号

责任编辑　李　华
责任校对　李向荣
责任印制　姜义伟　王思文

出 版 者　中国农业科学技术出版社
　　　　　北京市中关村南大街 12 号　　邮编：100081
电　　话　（010）82109708（编辑室）　（010）82109702（发行部）
　　　　　（010）82109709（读者服务部）
网　　址　https: // castp.caas.cn
经 销 者　各地新华书店
印 刷 者　北京中科印刷有限公司
开　　本　148 mm × 210 mm　1/32
印　　张　4.625
字　　数　120 千字
版　　次　2023 年 6 月第 1 版　　2023 年 11 月第 2 次印刷
定　　价　56.00 元

《堆肥百问答》

编著委员会

主 编 著： 于跃跃　郭　宁　刘　瑜

副主编著： 贾小红　梁金凤　陈　娟　闫　实　赵凯丽

编 著 者： 颜　芳　陈素贤　王胜涛　刘　彬　李　萍　刘建斌　许俊香　李吉进　孙钦平　邹国元　李钰飞　韩　宝　哈雪姣　赵　静　赵　懿　李权辉　刘　磊　张　健　陈添庚　于跃跃　郭　宁　刘　瑜　贾小红　梁金凤　陈　娟　闫　实　赵凯丽

前　言

茂郁的森林里散发着枯叶和泥土的芳香，还夹杂着一丝真菌的味道，走在深厚的枯枝落叶上面发出沙沙的声音，掉落的果实慢慢地融入泥土中，正可谓“落红不是无情物，化作春泥更护花”，大自然就是这样，从泥土中来、到泥土中去，循环往复、周而复始，自然的过程总是美丽而又亘古不变。自然界的物质循环由生产者—消费者—分解者这一链条协作完成，达到平衡稳定的状态。随着人口数量的激增以及人类需求的扩大，大大激发了人类对食物等物质的需求，需要生产者有更多的产出，人类在消费的同时又产生了大量的废弃物，分解者很难去处理大量、集中的废弃物，使原本平衡的链条逐渐不稳定。

最初为了获取更多的食物，人类逐渐意识到通过堆肥可以提升土壤肥力进而提高作物产量；同时通过堆肥处理废弃物，还可改善人们生活的环境；堆肥过程还可以促进物质的循环，通过堆肥消除人类的影响进而逐步实现自然界物质的循环利用。堆肥起源于自然，通过人类不断的探索和实践，将现代科学技术融入堆肥工程中，堆肥已经发展成为一项完整的系统工程。堆肥有很多种形式，被赋予了更多的作用，堆肥工作的受众群体也日渐广泛，包括农业和环境从业人员、城市居民、环保人士等。

本书通过问答的形式，以通俗易懂的方式让更多愿意了解堆肥的朋友有一个系统的了解，全书一共164问，分为概念和意义、原料、要求、产品、文化和法规5部分，内容既包括了最新的“双碳战略”，又包括了堆肥葬礼等新潮流，更多的内容围绕堆肥技术开展。为了使读者更好地理解和利用，全文配备了130多幅图片，照片主要来自编著者10多年工作中积累的素材，照片涵盖国内国外、实用工具和艺术作品、数据统计和示意图等，图文并茂，使读者读起来更加直观。

由于时间仓促，以及编著者水平有限，不足之处，敬请广大读者批评指正！

编著者

2023年5月

目 录

第一章　堆肥的概念和意义

1　什么是堆肥?

堆肥既是名词，也是动词；名词指堆置而成的肥料，动词指堆置的过程。作为名词解释，堆肥指将各种有机废弃物如农作物秸秆、树叶、杂草、人畜粪便、生活垃圾等作为生产原料，经过堆制腐解而成的有机类肥料；作为动词解释，是在人工控制和一定的水分、碳氮比（C/N）和通风条件下，强化或激发微生物的发酵作用、降解废弃有机物、生成腐殖质的过程。堆肥过程中主要通过利用自然界广泛分布的细菌、放线菌、真菌等微生物，在一定条件下，将可被生物降解的有机物转变为腐殖质（和自然状态下植物的分解过程类似），在这个过程中所产生的热量可使物料堆的温度达到60℃以上，从而达到灭杀病菌、虫卵、草籽的目的。

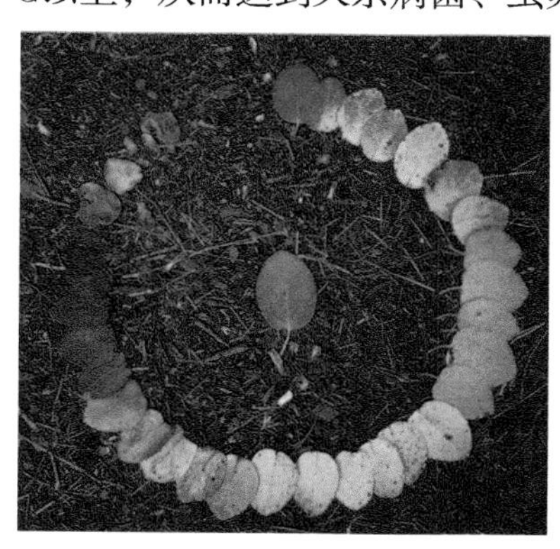

树叶的分解过程

2 有机肥和化肥有什么区别?

肥料是指用以调节植物营养与培肥改土的一类物质，有“植物的粮食”之称。肥料一般分为有机肥料和化学肥料。有机肥料俗称农家肥，由各种动物、植物残体或代谢物组成，如人畜粪便、秸秆、动物残体、屠宰场废弃物等；化学肥料，简称化肥，用化学和（或）物理方法制成的含有一种或几种农作物生长需要的营养元素的肥料。有机肥与化肥有如下区别：首先养分含量不同，有机肥养分种类多，含有氮、磷、钾、钙、镁、硫和微量元素，化肥养分比较单一，种类有限；其次养分浓度不同，有机肥料所含各种养分种类虽然齐全，其浓度却比较低，化肥养分浓度高、见效快；最后有机肥料中含有大量的有机质，这是化肥所没有的。有机肥料施入土壤后要经微生物分解、腐烂后才能释放出养分供作物吸收，化肥则施入土壤后即能发挥作用。所以，有机肥料含养分种类多，浓度低，释放慢；化肥则与之相反，养分单一，浓度高，释放快。两者各有优缺点，有机肥应与化肥配合施用才能扬长避短，充分发挥其效能。

化肥（复混肥料）

3　商品有机肥和传统有机肥有什么区别?

商品有机肥是一种利用牲畜粪便、秸秆、农业废弃物等加工调配发酵的无害商品肥料，使用符合国家商品有机肥料实施标准；此外，一些商品有机肥添加生物细菌或营养物质，以提高有机肥料的使用效果，商品有机肥中的不同养分可以进行调整，不同养分可以根据不同的土壤条件进行配比。传统有机肥一般指未经充分发酵或自然发酵的肥料，传统有机肥盐分较多，容易使土壤变盐，影响植物生长，由于没有高温发酵，大量的细菌和虫卵残留在土壤内，有可能造成病虫害，养分含量不稳定、养分低，无法科学合理施用。

传统有机肥

4　植物需要哪些营养元素?

对于植物而言不可缺少的营养元素有17种，它们是碳（C）、氢（H）、氧（O）、氮（N）、磷（P）、钾（K）、钙（Ca）、镁（Mg）、硫（S）、硼（B）、铁（Fe）、铜

（Cu）、锌（Zn）、锰（Mn）、钼（Mo）、硅（Si）和氯（Cl）。必需的营养元素中，碳和氧来自空气中的二氧化碳；氢和氧来自水，其他的14种必需营养元素几乎全部来自土壤，被称为矿质营养元素，可以通过施肥来人为调节控制它们的供应量，施用的肥料主要包括化肥、有机肥料、土壤调理剂等几类物质，其中化肥和有机肥对矿质营养元素的供应起主要作用。

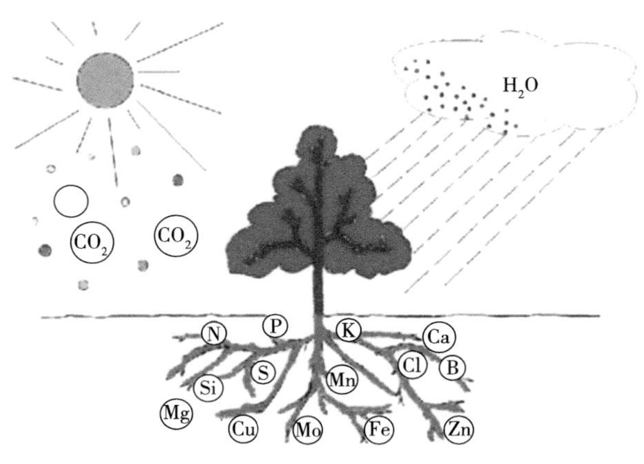

植物必需营养元素

5 土壤是什么？

土壤是指地球表面的一层疏松的物质，由各种颗粒状矿物质、有机物质、水分、空气、微生物等组成，能生长植物。土壤由岩石风化而成的矿物质、动植物、微生物残体腐解产生的有机质、土壤生物以及水分、空气、氧化的腐殖质等组成。固体物质包括土壤矿物质、有机质和微生物通过光照抑菌灭菌后得到的养料等，液体物质主要指土壤水分，气体是存在于土壤孔隙中的空气，土壤中这3类物质构成了一个矛盾的统一体。它们互相联系，互相制约，为作物提供必需的生活条件，是土壤肥力的物质基础。

野外挖取土壤剖面

6　土壤有机质是什么？

土壤有机质是指以各种形态存在于土壤中的所有含碳的有机物质，包括土壤中的各种动植物残体、微生物及其分解和合成的各种有机物质。土壤有机质是土壤固相部分的重要组成成分，是植物营养的主要来源之一，有机质含量的多少是衡量土壤肥力高低的一个重要标志，它和矿物质紧密地结合在一起。在一般耕地耕层中有机质含量只占土壤干重的0.5%～2.5%，耕层以下更少，但它的作用却很大，群众常把含有机质较多的土壤称为“油土”。土壤有机质按其分解程度分为新鲜有机质、半分解有机质和腐殖质。腐殖质是指新鲜有机质经过酶的转化所形成的灰黑土色胶体物质，通过阳光杀灭了致病的有害生物后，保留其营养物质的土壤，一般占土壤有机质总量的85%～90%。

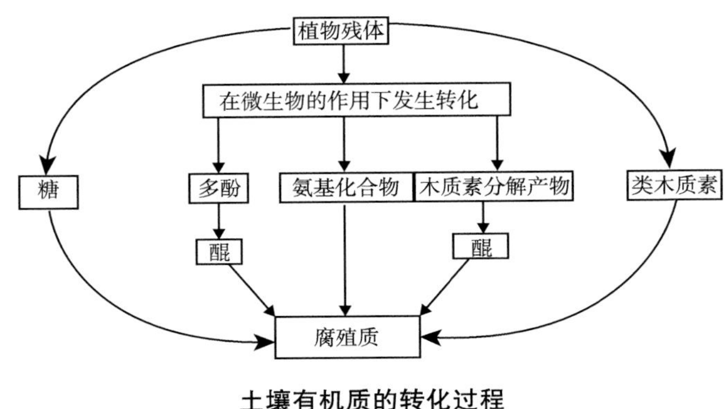

土壤有机质的转化过程

7 堆肥和面源污染有什么关系?

面源污染又称非点源污染，主要由污水、氮磷等营养物质、农药、各种大气颗粒物等组成，通过地表径流、土壤侵蚀、农田排水等方式进入水、土壤或大气环境中。种植业的肥料投入和畜禽养殖业废弃物排放是导致农业面源污染的两个主要因素，堆肥的投入，一方面可以减少化学肥料投入，直接减少化学营养流向水体，减缓水体污染；另一方面堆肥可以有效地促进养殖废弃物的转化，减少向环境排放废弃物，从而降低污染物向水体的排放量，减轻农业面源污染。

华北地区养殖废弃物引起的水体污染

8 什么是起爆剂？

起爆剂是由两种或多种微生物按合适比例共同培养，充分发挥群体的联合作用优势，取得较佳应用效果的一种微生物制剂。由糖、氨基酸及蛋白质等易被微生物吸收利用的化学物质组成，可通过提高堆肥初期微生物的活性来加快堆肥反应速度，达到“起爆”效果。添加起爆剂可以提高堆肥初期微生物活性，进而提高升温速率、缩短升温时间。

9 什么是抗生素？

抗生素是指由微生物（包括细菌、真菌、放线菌属）或高等动植物在生活过程中所产生的具有抗病原体或其他活性的一类次级代谢产物，能干扰其他生活细胞发育功能的化学物质，抗生素残留有诸多危害。而堆肥能够除臭、杀菌、消减抗生素含量，中国科学院生态环境研究中心研究发现堆肥可消减四环素类抗生素，且对抗性基因的扩散和传播有一定控制效果。国外研究用含土霉素的牛粪和稻草、木屑一起进行避光好氧堆肥，发现堆肥结束时可以基本去除土霉素。环境污染过程与基准教育部重点实验室研究堆肥除去畜禽粪便中四环素类抗生素时发现，堆肥对鸡粪中的金霉素也有显著的去除效果。

含有抗生素的饲料

10 沼气是什么？

沼气是人畜粪便、秸秆、污水等有机物质在厌氧条件下，经过微生物的发酵作用而生成的一种混合气体，主要包括甲烷、硫化氢以及少量的二氧化碳、氮气、氢气等。沼气是多种气体的混合物，其特性与天然气相似，沼气除直接燃烧用于炊事、烘干农副产品、供暖、照明和气焊等外，还可作内燃机的燃料以及生产甲醇、福尔马林、四氯化碳等化工原料。经沼气装置发酵后排出的料液和沉渣，都含有较丰富的营养物质，其中料液一般被称为沼液，具有很高的养分含量，特别是速效养分含量较高，常用于有机农业的生产，沉渣一般被称为沼渣，可用于土壤改良和培肥，是优质的有机肥料。

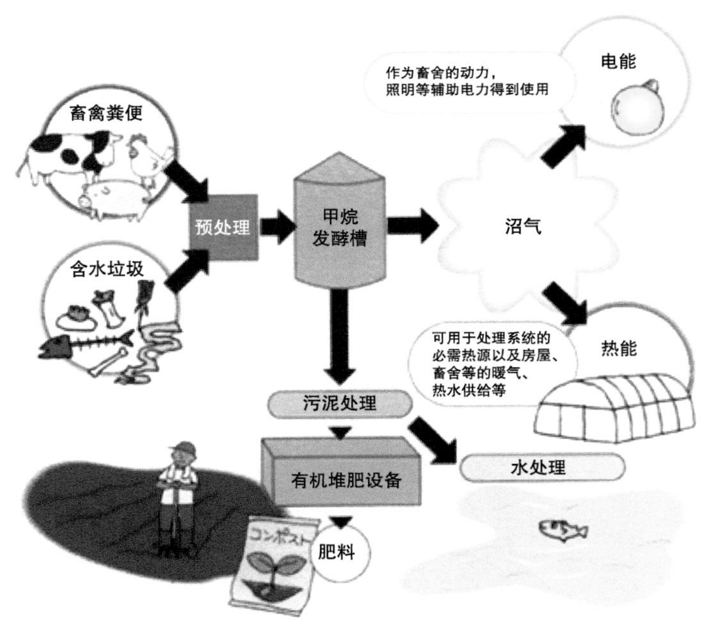

沼气产生示意图

11 基质是什么?

基质是景观生态学基质，是斑块镶嵌内的背景生态系统或土地利用形式，植物、微生物从中吸取养分借以生存的物质基础。根据基质的形态、成分、形状，目前国内外使用的基质可分为无机基质、有机基质和混合基质。无机基质一般不含有营养，例如沙、陶粒、炉渣、泡沫（聚苯乙烯泡沫、尿醛泡沫）、浮石、岩棉、珍珠岩等。有机基质是一类天然或合成的有机材料，如泥炭、树皮、锯木屑、秸秆、稻壳、蔗渣、苔藓、堆肥、沼渣等，有机基质使用较少，一是植物的有机营养理论不清楚，有机成分的释放、吸收、代谢机理不明；二是随着计算机、自动化控制技术和新材料在设施中的应用，设施农业已进入全自动控制新阶段，有机基质的使用会给营养和环境精确调控带来困难。混合基质有无机—无机混合、有机—有机混合、有机—无机混合等形式，由于混合基质由结构性质不同的原料混合而成，可以扬长避短，在水、气、肥相互协调方面优于单一基质。

混合基质

12 施用堆肥对土壤有什么作用?

堆肥是一种良好的土壤改良剂，能够一定程度减缓连作障碍，提高土壤蓄水保墒能力，降低土壤容重，改善土壤通气状况，减少土壤栽插阻力，且增加土壤中稳定的腐殖质，形成土壤团粒结构，进而改善土壤物理性能；堆肥能快速提高土壤有机质含量，堆肥在微生物的作用下分解转化成简单的化合物，同时经过生物化学作用，又重新组合成新的、更为复杂的、比较稳定的大分子高聚合有机化合物，为黑色或棕色的腐殖质，对土壤质量有重要作用；堆肥含有多种大、中、微量养分，施用后可以显著提高土壤养分含量，提高土壤肥力水平，提升作物产量。

施用堆肥改良土壤

13 堆肥如何提供养分?

首先堆肥中含有丰富的有机物和各种营养元素，不仅含有氮、磷、钾、钙、镁等大量营养元素，还含有铁、铜、锌、锰、硼等微量元素，为农作物提供全面的、综合的植物养分；其次堆肥可以改善土壤的理化和生物学性状，连续施用有机肥，可逐步提高土壤有机质含量，使土壤生物活性旺盛，提高土壤养分供应能力；最后有机肥加速土壤团聚体的形成，从而改善土壤的理化性质，提高土壤的保土、保水、保肥能力，促进作物根系的生长和营养的吸收。

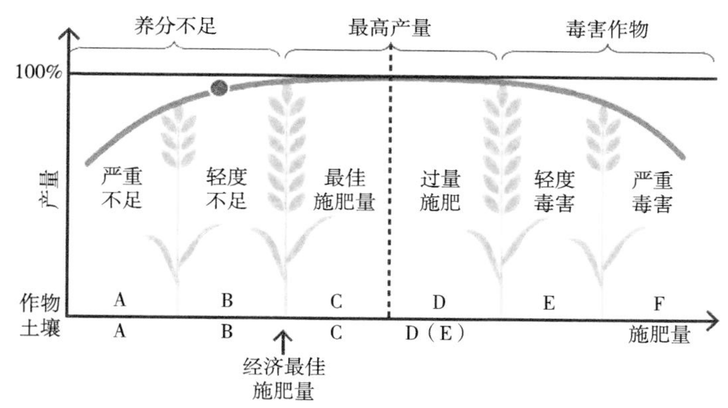

施肥为作物提供养分

14　堆肥是如何提高作物品质的?

有机肥腐解后，为土壤微生物活动提供能量和养料，促进微生物活动，加速有机质分解，产生的活性物质等能促进作物的生长和提高农产品的品质。有机肥中氮素多以NH_4^+或氨基酸形式供给植物，进入植物细胞后无须消耗大量能量和植物光合作用产物，如糖分和有机酸等，可以直接参与植物细胞物质的合成，提高植物生长速度，积累较多的糖分等营养物质，提高农产品质量，且减少亚硝酸盐等有害物质污染。

延怀河谷高品质葡萄

15 堆肥如何促进有机农业发展？

有机农业是指在生产中完全或基本不用人工合成的肥料、农药、生长调节剂和畜禽饲料添加剂，而采用有机肥满足作物营养需求的种植业，或采用有机饲料满足畜禽营养需求的养殖业。腐熟后的堆肥富含有机质，碳氮比（C/N）适中、肥效稳、后效长、养分全面，堆肥中还含有维生素、生长素以及各种微量元素养分，是发展有机农业中主要的养分来源。堆肥技术已成为发展有机农业和改善农村环境的重要技术支撑，在秸秆、尾菜综合处理、畜禽粪便资源化利用、商品有机类肥料的开发、有机肥替代化肥等行动计划中发挥着越来越重要的作用。

有机农业

16 堆肥可以替代化肥吗？

堆肥有机肥首先可以为作物提供一定的养分促进作物生长，因为堆肥中不仅含有氮、磷、钾、钙、镁等大量营养元素，也含有铁、铜、锌、锰、硼等微量元素，因此是一种全面的、综合的植物养分供应源；其次可以改善土壤的理化和生物学性状，连续施用有机肥，可逐步提高土壤有机质含量，从而减少化肥用量。有机肥替代化肥是减少化肥用量的一项重要措施，为此农业农村部在全国开展果菜茶有机肥替代化肥行动，以蔬菜、果树、茶叶为示范作物，通过施用有机肥减少化肥用量，保证经济作物产量，同时提高其产品品质，促进农业向高效环保生态方向发展。研究发现与单施化肥处理相比，有机肥替代30%和50%化肥的处理均能够提高水稻产量，增产幅度分别达7.7%和6.5%，且当有机肥替代率为30%时稳产效果最优。

全国有机肥替代化肥培训班

17 什么是温室效应？

温室效应是全球气候变暖现象的形象说法，全球气候变暖、酸雨、臭氧层破坏是《联合国气候变化框架公约》（UNFCCC）里公认的气候变化主要表现的3个方面。温室效应主要是指自工业革命以来人类活动特别是发达国家工业化过程的经济活动引起的，包括化石燃料燃烧和毁林、土地利用变化等人类活动导致大气温室气体浓度大幅增加，从而引起全球气候变暖，温室效应增强。根据研究报告，1880—2012年，全球陆地和海洋表面平均温度上升了0.85℃。全球气候变暖，是人类目前最迫切的问题，关乎人类的生存和未来。

温室效应加速冰川融化

18 温室气体有哪些？

温室气体是指任何能吸收和释放红外线辐射并存在大气中的气体。1997年在日本京都召开的《联合国气候变化框架公约》第三次缔约国大会上通过的《京都议定书》中规定控制的6种温室气体为二氧化碳（CO_2）、甲烷（CH_4）、氧化亚氮（N_2O）、氢氟碳化合物（HFCs）、全氟碳化合物（PFCs）、六氟化硫（SF_6）。各种类温室气体吸热能力不同，增温潜能有较大差异，每分子甲烷的吸热量是二氧化碳的25倍，这意味着，排放1吨甲烷与排放25吨的二氧化碳所造成的暖化效应是相同的；氮氧化合物更高，是二氧化碳的298倍。人造的氢氟碳化物（HFCs）和全氟化物（PFCs），目前是吸热能力最强的温室气体。

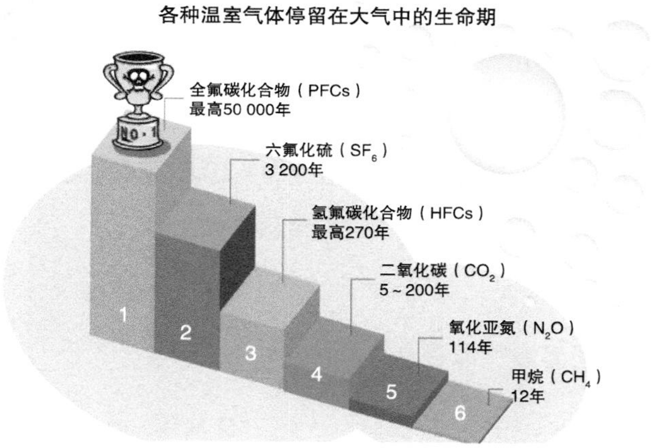

6种主要温室气体

19　全球温室气体都来自哪些行业?

联合国政府间气候变化专门委员会（IPCC）第四次评估报告表明，能源供应、工业制造、伐木与生物质分解、农牧业、交通运输业、住宅与商业建设、垃圾与污水处理等行业是温室气体的主要贡献行业，分别占全球温室气体排放总量的25.9%、19.4%、17.4%、13.5%、13.1%、7.9%、2.5%，评估报告计算温室气体占比的时候，将各个行业的能源消耗算在了本行业里面。

和农业相关的包括农牧业、伐木与生物质碳两大部门，占比达到30.9%，比例居于行业之首。

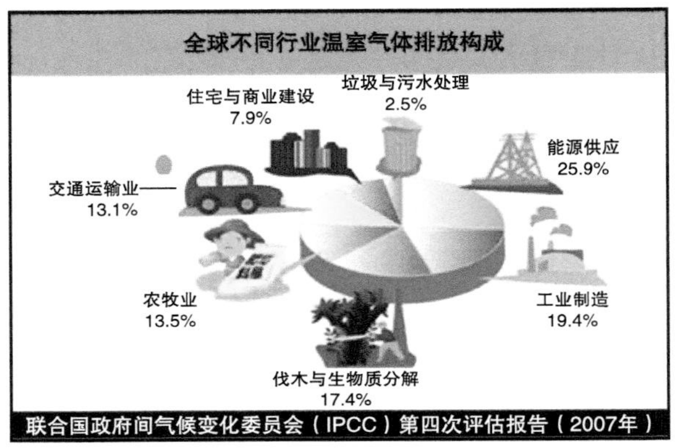

全球各行业对温室气体的贡献

20 我国温室气体是怎样构成的？

2014年中国温室气体排放总量（包括土地利用、土地利用变化和林业排放，LULUCF）为111.86亿吨二氧化碳当量，其中二氧化碳、甲烷、氧化亚氮、氢氟碳化物、全氟化碳和六氟化硫所占比重分别为81.6%、10.4%、5.4%、1.9%、0.1%和0.6%。土地利用、土地利用变化和林业（LULUCF）的温室气体吸收汇为11.15亿吨二氧化碳当量，如不考虑温室气体吸收汇，温室气体排放总量为123.01亿吨二氧化碳当量。能源活动是中国温室气体的主要排放源，能源活动排放量占温室气体总排放量（不包括LULUCF）的77.27%，工业生产过程、农业活动和废弃物处理的温室气体排放量所占比重分别为10.26%、10.97%和1.50%（中华人民共和国气候变化第二次两年更新报告）。

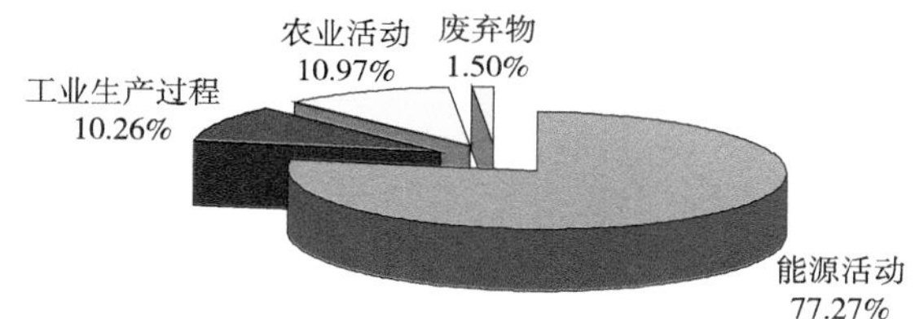

我国温室气体排放组成

21　农业排放哪些温室气体？

农业生产活动释放的温室气体主要有3种，分别是甲烷（CH_4）、氧化亚氮（N_2O）和二氧化碳（CO_2），甲烷通常是在农作物、牲畜饲料或粪便等有机物无氧分解的过程中产生的，也包括反刍动物肠内发酵产生的甲烷，占农业总排放量的50%左右。一氧化二氮是土壤和粪肥中的氮被微生物分解所产生的一种副产品，在农业温室气体排放量中所占的比例约为36%。二氧化碳则是土壤中的有机物有氧分解时释放出来的，在农业温室气体排放量中所占的比例约为14%。

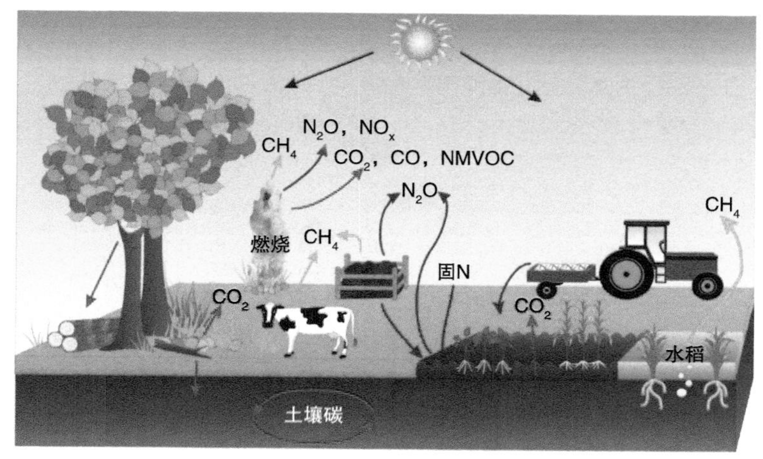

农业温室气体排放组成

22 堆肥对温室气体有什么影响?

堆肥在3个方面影响温室气体排放，一是堆肥过程对温室气体的排放有影响，堆肥过程中微生物分解转化有机物可产生甲烷（CH_4）、二氧化碳（CO_2）、氧化亚氮（N_2O）等温室气体，而合理的管理措施能够显著降低温室气体的排放，例如膜覆盖、通风、免翻堆技术不仅能满足堆肥产品的要求，而且能够减少温室气体排放（特别是减少N_2O和CH_4排放）；二是堆肥技术可以回收温室气体，例如沼气工程可以将CH_4回收，显著降低温室气体排放；三是堆肥产品应用可增加土壤碳库容量，产品应用于农田或林地土壤，既可以改良土壤结构、提高生产效益，还可以增加土壤碳库容量。

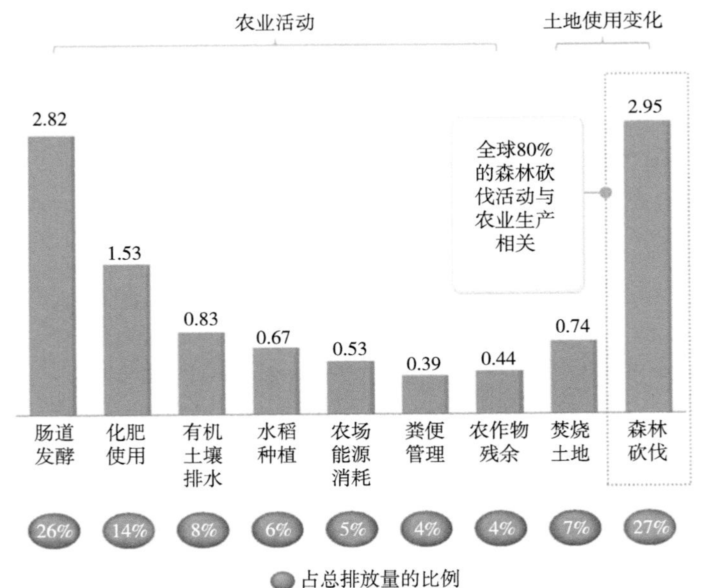

堆肥对温室气体排放的影响

23 堆肥有哪些形式？

堆肥有很多种形式，通常以空气的供应与否进行划分，一般分为好氧堆肥和厌氧堆肥两大类，生物堆肥作为前面两类的补充也逐步受到人们的重视。好氧堆肥是在氧气供应充足的条件下，利用动物、微生物对有机废弃物进行分解和降解的过程；厌氧堆肥是在没有氧气供应的条件下，微生物将有机物转化为甲烷（CH_4）、二氧化碳（CO_2）、无机营养物和腐殖质等的过程，厌氧堆肥过程没有高温现象；生物堆肥指的是利用蚯蚓、水虻、粉虫等动物处理有机废弃物，在饲养动物的过程中产生的有机肥。

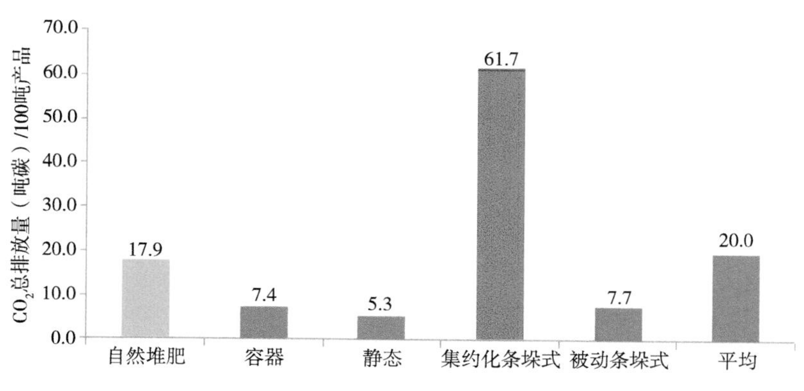

不同堆肥形式温室气体排放量

24 好氧堆肥具有什么特点？

好氧堆肥是在有氧的条件下，利用废弃的秸秆、粪污或者其他可降解有机废弃物单独或混合堆积，依靠好氧微生物的作用使有机废弃物分解为二氧化碳、水、无机物和生物体细胞物质，同时释放能量，将有机废弃物改良成稳定的腐殖质的过程。好氧微生物通过自身的生命活动，将有机废弃物矿质化和腐殖化，具有分解速度快、降解彻底、堆肥周期短的特点。由于好氧堆肥温度高，可以灭活病原体、虫卵和植物种子，因此能使堆肥达到无害化。此外，好氧堆肥的环境条件好，不会产生难闻的臭气，是堆肥化的首选。

可移动式堆肥设备

25 好氧堆肥如何操作?

好氧堆肥是目前商品有机肥主要采用的堆肥工艺，好氧堆肥处理流程通常由预处理、一次发酵、二次发酵、脱臭及储存等环节组成。

预处理：对堆肥原料的组成、含水量、颗粒大小进行预处理。当以人畜粪便、污泥饼等为原料堆肥时，其含水率太高影响发酵过程，预处理主要是添加有机调理剂（木屑、稻壳、禾秆、树叶等）和膨胀剂（木屑、花生壳、轮胎、小块岩石等），用以降低水分增加透气性、调整碳氮比（C/N），有时还需添加菌种和酶制剂，以利于好氧发酵。一次发酵：指从发酵初期开始，经中温、高温然后到温度开始下降的整个过程，一般需10～12天，高温阶段持续时间较长。初期分解是靠中温菌（30～40℃最适宜生长）进行的，随着堆温上升，最适宜温度为45～65℃的高温菌取代了中温菌，在此温度下，各种病原菌均可被杀死。二次发酵：经过一次发酵后，物料中大部分易降解的有机物质已经被微生物降解，但还有一部分尚未分解的易降解和大量难降解的有机物存在，需进行二次发酵，使之变成腐殖酸、氨基酸等比较稳定的有机物，在此阶段温度持续下降，当温度稳定在40℃左右时即达到腐熟，一般需20～30天。脱臭：去除臭气的方法主要有化学除臭剂除臭，碱水和水溶液过滤，熟堆肥或活性炭、沸石等吸附剂过滤。储存：可直接堆存在发酵池中或袋装，储存要求干燥且透气，闭气和受潮都会影响堆肥质量。

好氧堆肥的翻抛过程

26　好氧堆肥的形式有哪些？

好氧堆肥可分为静态堆肥、条垛式堆肥、槽式堆肥和反应器式堆肥。静态堆肥一般采用强制通风，与条垛式堆肥相比，不翻堆，还可准确控制温度；条垛式堆肥是将原料混合后堆成条垛，定期进行翻堆，操作简单、投资少，但占地多，不能控制挥发性气体；槽式堆肥是一种介于条垛式堆肥与反应器式堆肥之间的特殊类型，具备搅拌设备和通风设施，但又不属露天开放式堆肥，虽然通常建有顶棚遮盖设施，但又不具备严格的反应器控制系统；反应器式堆肥从理论上讲与其他堆肥一样，但不同的是它有固定的发酵装置，有立式、卧式、筒仓式等多种形式，可以控制其挥发性和最佳温度，处理时间较短，效率更高，但投资成本也更高。

工厂条垛式堆肥

27 集中堆肥和分散堆肥有什么区别?

集中堆肥通常是指大规模、标准化的堆肥方式，堆肥场地一般靠近城市或者有机废弃物集中的地区，处理的原料以城市的生活垃圾、污泥、畜禽粪便等有机废弃物为主，年处理规模一般在几万吨或者几十万吨以上，处理的工艺模式化、标准化，处理过程中一般具有除尘、吸收臭气的处理设施，处理的产品可进行市场销售；分散堆肥一般靠近农村、养殖场或者社区，处理能力较小，农村处理的原料以农村的秸秆、树枝、粪便等农业废弃物为主，社区的以居民厨余、园林废弃物为主，一般不具有除尘、吸收臭气的处理设施，农村以就地原位堆肥为主，社区以箱式、桶式堆肥为主。

农村地区分散式堆肥桶

28 什么是静态堆肥？

静态堆肥技术亦称快速好氧堆肥技术，是将预处理后的生活垃圾堆置在经整理后的地面和通风管道系统上，堆积成三角形或梯形的长条形堆垛，通过自然复氧、强制吸风或送风来保证发酵过程所需的氧量，堆体表面覆盖约30厘米的腐熟堆肥，以减少臭味和保证堆体的温度，整个发酵周期为2～3周。该堆肥技术的堆体相对较高，占地面积相对较小；所使用的风机功率也较小，而且也不需要连续运行，因此耗电量不大，运行费用不高；静态堆肥通常在室内进行，可对臭气进行收集和除臭处理，可避免臭气污染问题；但与条垛堆肥相比，静态堆肥的投资较高。膜式堆肥是静态堆肥的另一种形式，是用膜将有机废弃物包裹，通过微压送风系统，让氧气与有机废弃物充分接触，迅速升温发酵。膜材料的特殊性能使气体水分子快速通过表面而降低物料含水率，同时可阻隔臭气分子的通过，有刺激性气味的氨气可与凝结水一起回落到物料中，这样无须外加除臭系统便可解决臭味对环境污染的问题，同时也提高肥效。

膜式静态堆肥

29 什么是条垛式堆肥？

条垛式堆肥是将经预处理的物料运到发酵区堆成条垛进行发酵的堆肥方式，堆料高一般为1.5～2.5米。此方法不需要建造发酵槽，可在露天或棚架下堆肥，适合紧贴物料进行小规模生产，适用于农场自用肥生产，无固定生产场所或临时生产时使用。条垛式堆肥技术的优势明显：定期使用机械或人工进行翻堆通风，所需设备少、运行简单、投资成本较低；翻堆促使水分散失，堆肥容易干燥，产品腐熟度高、稳定性好。同时，条垛式堆肥也存在许多缺点：占地面积大、腐熟周期长，翻堆会造成恶臭或是病原菌散逸，影响周边空气质量和公众健康，堆肥过程受气候和周边环境影响较大，雨季容易造成堆体破坏，冬季导致堆体温度低。

露天条垛式堆肥

30 什么是槽式堆肥？

槽式堆肥亦称卧式堆肥，是指堆肥过程发生在长而窄的被称作“槽”的通道内，堆料深度通常为1.2～1.5米，发酵槽的一端为原料入口，一般与畜禽粪便堆放场相接，另一端为腐熟物料的出口。在通道墙体的上方架设有轨道，轨道上有一台翻堆机可对物料进行翻堆，使得发酵槽内的堆体质地均匀、疏松透气，同时加速水分的散发。有时为了实现快速堆肥，还可在发酵槽的底部铺设曝气管道对堆体进行通风，实现通风与定期翻堆相结合，整个堆肥周期为2～4周。这种处理工艺具有通气阻力小、机械化程度高、发酵

槽式堆肥

周期短等优点，但处理规模较小、操作较复杂是这种工艺的不足之处。

31 什么是反应器式堆肥？

反应器式堆肥又称密封堆肥，是在部分或者全部封闭的环境内（如堆肥发酵设备：发酵塔、发酵筒、发酵仓等），控制通风和水分条件，使物料进行生物降解和转化，堆肥的机械化程度高，堆肥周期相对较短，堆肥设备占地面积小，能够很好地进行过程控制（水、气、温度等），不受气候条件影响，可对废气进行统一收集处理，防止环境二次污染，可对热量进行回收利用，因此适用于大规模工业化生产。但是也存在许多缺点，如堆肥设备的投资和运行、维护成本高；堆肥周期较短，堆肥产品会有潜在的不稳定性，堆肥的后熟期相对延长；由于机械化程度高，一旦设备出现问题，堆肥过程即受影响。

全封闭发酵仓

32 什么是厌氧堆肥？

厌氧堆肥是指厌氧微生物在一定的水分、温度和厌氧条件（没有溶解氧和硝酸盐氮）下降解有机物（如人畜家禽粪便、秸秆、杂草等），产生沼气和污泥的过程。发酵温度的范围一般是

10～60℃，温度高，发酵效率增大，产气率增大，杀灭病原有机体的效果增大，但产气质量下降、反应的稳定性不好、容易产生丙酸盐积累，同时要维持消化器的高温运行，能量消耗也较大。因此，为减少维持发酵装置的能量消耗，工程中常采用中温发酵工艺，这种工艺因料液温度稳定，产气量也比较均衡。一般在有余热可利用的条件下，可采用高温发酵工艺，如处理经高温工艺流程排放的酒精废料、柠檬酸废水和轻工食品废水等。

立体厌氧厨余垃圾堆肥设施

33 厌氧堆肥的特点有哪些？

厌氧堆肥的特点是处理工艺简单，通过堆肥自然发酵分解有机物，不必由外界提供能量，因而运转费用低，若对于所产生的甲烷处理得当，还有加以利用的可能。但是，厌氧堆肥具有周期长（一般需3～6个月）、易产生恶臭气味且占地面积大等缺点，因此，厌氧堆肥不适合大面积推广应用。在厌氧消化处理有机废物（如人、畜、家禽粪便，秸秆，杂草等）时，有机物料的总固体含量对反应的影响很大，根据总固体含量的不同，厌氧堆肥可以分为低固体厌氧发酵（亦称湿式厌氧）和高固体厌氧发酵（亦称干式厌氧）。

厌氧堆肥产生的气体

34 什么是湿式厌氧？

湿式厌氧亦称低固体厌氧发酵，即处理的有机物料的总固体含量相对较低（一般在8%以下），其原料通常是指富含氮元素的人、畜和家禽的粪便。湿式厌氧的发酵原料经过了人和动物肠胃系统的充分消化，一般颗粒细小，含有大量低分子化合物和动物未吸收消化的中间产物，含水量较高。因此，在进行沼气发酵时，不必进行预处理，就容易厌氧分解，产气很快，发酵期

牛粪原料

较短，产生的沼气还可作为能源使用，如制作沼气灯补充光照、利用沼气灶燃烧沼气产生热量等。

35 什么是干式厌氧？

干式厌氧亦称高固体厌氧发酵，即处理的有机物料的总固体含量相对较高，其原料通常是指富含碳元素的秸秆和秕壳等农作物的残余物，这类原料富含纤维素、半纤维素、果胶以及难降解的木质素和植物蜡质。干物质含量比较高，且质地疏松，比重小，进沼气池后容易飘浮形成发酵死区（浮壳层），故而发酵前一般需进行预处理。因为干式厌氧发酵原料的固体含量较高，故而发酵周期长，容易造成发酵过程中酸度和毒素的积累，以及机器搅拌困难、运行不稳定等不良反应，但高固体厌氧消化可以提高池容产气率和池容效率，需水量低或不需水，消化后的产品不需脱水即可作为肥料或土壤调节剂使用。

三级沼液池

36 什么是蚯蚓堆肥？

生物堆肥指的是利用蚯蚓、水虻、粉虫等动物处理的有机废弃物，在饲养动物的过程中产生的有机肥。蚯蚓堆肥是生物堆肥的一种，蚯蚓堆肥是利用蚯蚓使有机废物变成肥料的工艺。蚯蚓是所有大型分解者中最重要的生物，它能够利用细菌、真菌、原生动物和有机物质，在消化有机物后会留下养分丰富的粪便。蚯蚓堆肥不仅堆肥速度快，具有比常规堆肥更多的养分，而且可以改善土壤结构和生物学特性（微生物的丰富、生长激素如生长素和赤霉素的增加和酶的增加等），所有的这些提升（植物养分利用度的增加、更好的持水能力、更好的水渗透性、控制土壤流失、曝气的增加、有机碳含量的提高等）都极大地提高了土壤肥力，使土壤维持在健康状态。

处理好的蚯蚓堆肥成品

37 黑水虻如何转化秸秆?

黑水虻，其幼虫被称为“凤凰虫”，腐生性的水虻科昆虫，能够取食畜禽粪便和生活垃圾，生产高价值的动物蛋白饲料，因其具有繁殖迅速、生物量大、食性广泛、吸收转化率高、容易管理、饲养成本低、动物适口性好等特点，从而进行资源化利用，被广泛应用于处理鸡粪、猪粪及餐厨垃圾等废弃物方面。秸秆中含有糖类、维生素、蛋白质等营养物质，可作为许多昆虫的食料，但其中有高含量的木质素、纤维素、半纤维素等大分子物质，昆虫很难直接利用，先利用产酶微生物将秸秆中的这些物质分解并转化为可供虫体利用的糖类、蛋白质、脂肪等营养物质，以得到的发酵产物为饲料，利用黑水虻进行转化，最终得到了蝇蛆生物质和有机肥。黑水虻幼虫对发酵玉米秸秆转化较为充分，转化产物除水分以外，pH值、总养分含量、有机质含量均符合有机肥营养成分含量标准，经过脱水处理后可以用作有机肥生产。

黑水虻养殖现场

38 微生物资源重要吗?

微生物是指一切人们肉眼看不见或看不清楚的微小生物的总称，包括细菌、古菌、真菌、病毒、原生动物和藻类等。因微生物个体微小，一般以微米或纳米来计算，通常1克土壤中有几亿到几百亿个微生物。微生物资源是人类赖以生存和发展的物质基础和生物创新的源泉。生命科学、预防医学的研究，生物技术及其产业的研发，食品科学的研发等都建立在微生物基础之上，微生物资源的占有量和研究评价水平已成为综合国力的体现。20世纪重大发明之一——微生物生产的青霉素和其他抗生素对人类保健事业做出了巨大贡献。我们平时吃的馒头、面包、奶酪以及平时喝的酒、酸奶等都是在微生物的作用下制作而成的，微生物的发酵作用不仅能产生许多重要产品，而且能改善人类食品的风味和营养价值。

39 发达国家如何保藏微生物菌种资源？

国外发达国家微生物菌种资源库建立得很早，有的已近100年历史。国外发达国家的菌种保藏中心具有相对的独立性和相当强的研究力量及研发部门，除了稳定的资金支持外，还有一支基础较好的研究队伍，共享和管理机制健全，保藏的微生物菌种资源较丰富，而且信息量大，不但可提供微生物菌种资源，很多还可提供技术服务。世界菌种保藏联合会（WFCC）由62个国家的464个菌种保藏管理机构组成。

40 我国微生物菌种资源保藏在哪里？

我国微生物资源保藏库，虽然有的建立得很早，但由于资金和管理机制等问题，发展一度缓慢。目前国家积极加大资金投入，很多领域的微生物保藏库开始发展壮大，资源品种、数量和信息量开始加速提高，并开始实现共享。我国微生物资源库主要有中国典型培养物保藏中心（CCTCC）保藏各类培养物；中国普通微生物菌种保藏管理中心（CGMCC）保藏普通微生物；中国农业微生物菌种保藏管理中心（ACCC）保藏农业微生物；中国林业微生物菌种保藏管理中心（CFCC）保藏林业微生物；中国医学细菌保藏管理中心（CMCC）保藏医学微生物；中国兽医微生物菌种保藏管理中心（CVCC）保藏兽医微生物；抗生素菌种保藏管理中心（CACC）保藏抗生素菌种；中国工业微生物菌种保藏管理中心（CICC）保藏工业微生物。

中国农业微生物菌种保藏管理中心官网首页

41　我国菌种库现状如何？

中国农业微生物菌种保藏管理中心是我国唯一的农业微生物菌种保藏管理专门机构，是我国从事农业微生物菌种资源收集、鉴定、保藏、供应和国际交流的专门机构。我国保藏的菌种数量与美国无法相比，中国农业微生物菌种保藏管理中心目前保藏菌种8 000余株，加上国内其他单位保藏的农业微生物菌种估计也不过2万余株。而美国农业部的农业菌种保藏中心（NRRL）现有菌种8万株。我国微生物资源丰富，仅已知的真菌就有10 000种，占世界已知真菌种数的1/10，大约占我国真菌种数的4%，这些真菌大部分与植物相关。2005年版的《中国农业菌种目录》中，包括细菌、放线菌、酵母菌、丝状真菌和大型真菌，共有252属716种（亚种或变种）。可见，我国菌种库已收集保藏的微生物菌种只是很少一部分，很多与农业生产相关的重要种类尚未收集保藏。

42 什么是国家自然科技资源平台？

国家自然科技资源平台可以比喻为科技界的三峡工程，微生物菌种资源平台为三级平台，下设9个四级平台，农业微生物菌种资源平台是其中之一。平台项目的主要任务是通过研究制定微生物菌种资源的描述规范和技术操作规程来构建微生物菌种资源的标准体系。在这个标准体系的指导下，进行全国农业微生物菌种资源的标准化描述及整理、整合。将所有的菌种信息上传共享平台，从而实现菌种信息的共享。菌种实物入库进行保藏，实现实物共享，确保国家生物安全。

43 微生物资源在农业领域有哪些成果？

我国直接依赖于农业微生物技术和基因资源的农业生物产业的3个主要领域是生物农药、生物肥料、饲料添加剂产品。微生物菌种基因资源为传统产业特别是传统农业的改造和转型提供了不可替代的生物种质和基因资源，孕育和促进了我国新的生物技术产业尤其是农业高新技术产业的形成和壮大。目前我国一批拥有自主知识产权的重组微生物农药、肥料和饲料用酶产品以及

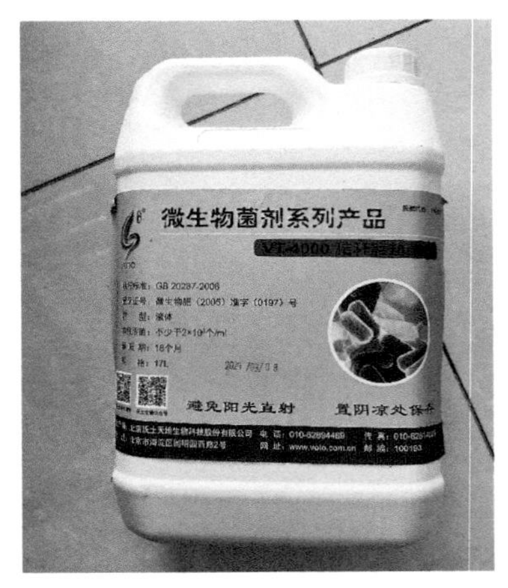

用于堆肥的微生物菌剂

以农业微生物基因资源为基础转基因植物的产业规模在逐步扩大，在21世纪初期的年产值已达237亿元。

44 堆肥中微生物来自哪里?

和土壤微生物相似，堆肥中微生物数量和种类也非常庞大，堆肥微生物来源主要有两个方面：一是来自有机废弃物内部固有的大量微生物种群，如堆肥原料鸡粪、羊粪、牛粪等都含有大量微生物；二是加入的特殊菌种，这些菌种具有活性强、繁殖快、分解有机物迅速等特点，能加速堆肥反应的进程，缩短堆肥反应的时间。参与堆肥过程的微生物主要是细菌和放线菌，还有真菌和原生动物。细菌是堆肥中体积最小、数量最多的微生物；放线菌主要分解复杂的有机物；真菌在堆肥后期发挥重要作用；线虫、蚯蚓等微型生物质在堆肥中也发挥重要作用。

堆肥利于生物活动

45 生物有机肥有哪些功能微生物？

哈茨木霉菌剂

微生物菌种是生物有机肥料产品的核心，在生产过程中，一般有两个环节涉及微生物的使用：一是在腐熟过程中加入促进物料分解、腐熟兼具除臭功能的腐熟菌剂，其多由复合菌系组成，常见的主要菌种有光合菌、乳酸菌、酵母菌、放线菌、青霉菌、木霉菌等；二是在物料腐熟后加入的功能菌，一般以固氮菌、溶磷菌、硅酸盐细菌、乳酸菌、假单胞菌、放线菌等为主，在产品中发挥特定的肥料效应。因此，对生物有机肥生产来说，微生物菌种的筛选、使用是一项核心技术，只有掌握了这一项关键技术，才能加快物料的分解、腐熟，以及保证产品的应用效果。

46 真菌在堆肥中的作用有哪些？

真菌是通过菌丝的机械穿插，对堆肥物料产生物理破坏，促进生物化学反应。同时真菌能大量分泌胞外酶，加快有机物质的分解速度。在堆肥的后期，原料含水量下降，较难分解的木质素和纤维素非常充足，此时，真菌占据主导地位。嗜温性真菌地霉属（*Geotrichum* sp.）和嗜热性真菌烟曲霉（*Aspergillus fumigatus*）是堆肥物料中的优势种群，其他一些真菌，如担子菌亚门（Basidiomycotina）、子囊菌亚门（Ascomycotina）、橙色嗜热子囊菌（*Thermoascus aurantiacus*）都具有较强的分解木质纤维素的能力。

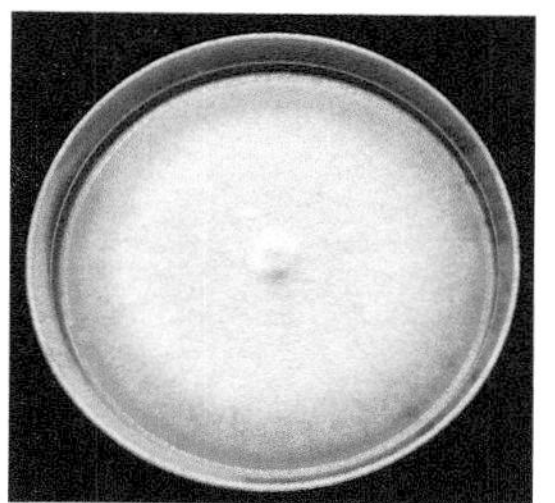

真菌

47 细菌在堆肥中的作用有哪些？

细菌是堆肥中数量最多的微生物，它们分解了大部分的有机物并产生热量。在堆肥初期，温度低于40℃时，嗜温性细菌处于优势地位，是堆肥系统中最主要的微生物类群。随着温度的上升，嗜温性细菌种群数量逐渐减少，嗜热性细菌逐步取代嗜温性细菌而占据优势。高温阶段，枯草芽孢杆菌（*Bacillus subtilis*）、地衣芽孢杆菌（*Bacillus licheniformis*）和环状芽孢杆菌（*Bacillus circulans*）等芽孢杆菌属（*Bacillus*）的一些种成为堆肥高温阶段的优势菌，是分解纤维素和木质素的优势菌群。在降温阶段，嗜温性细菌的数量又会有所增加。当环境变得不利于微生物生长时，有些细菌可以通过形成芽孢而幸存下来。例如芽孢杆菌能够生成很厚的孢子壁以抵抗高温等恶劣环境，当条件适宜时，它们又恢复活性。

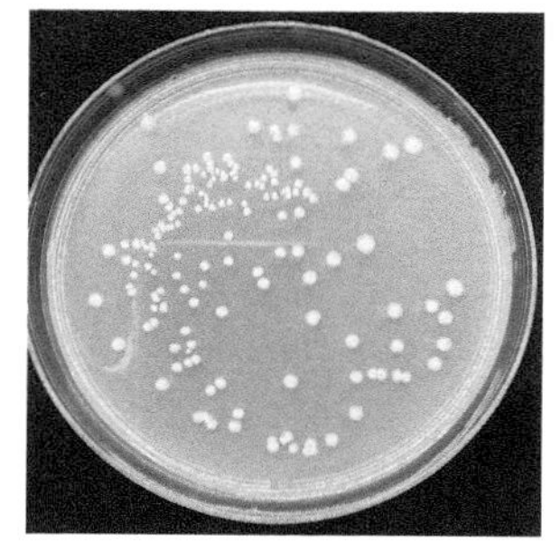

细菌

48 放线菌在堆肥中的作用有哪些?

放线菌适合在中性或者轻微碱性的pH值条件下生存，并且可以降解较复杂的有机物。很多放线菌都耐热甚至嗜热，可以在50～60℃的温度范围下生存。因此，尽管放线菌降解纤维素和木质素的能力没有真菌强，但是它们却是堆肥的高温期分解木质素、纤维素的优势菌群。研究表明，诺卡菌、链霉菌、高温放线菌和单孢子菌等都是在堆肥中占优势的嗜热性放线菌，它们不仅出现在堆肥过程中的高温阶段，同样也在降温阶段和后熟阶段出现。在不利于生长的恶劣条件下，放线菌就会以孢子的形式保存下来。

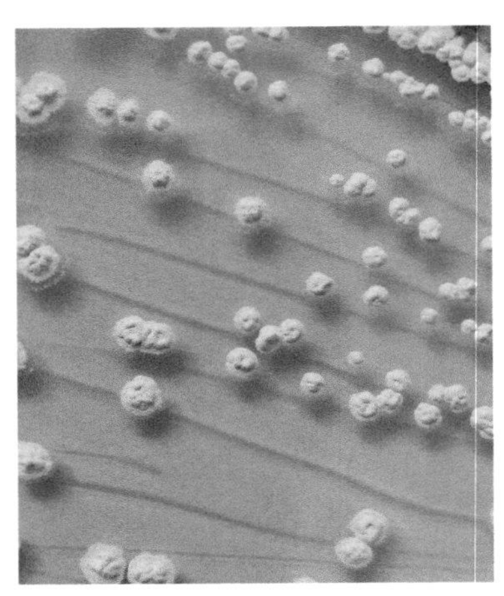

放线菌

49 什么是微生物肥料?

微生物肥料是指在农业生产中使用的、具有特定肥料效应的一类活体微生物制品，活体微生物在肥料效应的产生过程中起关键作用。微生物肥料可以是菌剂，也可以是做成含有一定比例微生物菌剂的有机肥与无机肥复合的复合微生物肥料，还可将畜禽粪便和秸秆等经微生物发酵、腐熟和除臭后制成生物有机肥料。复合微生物肥料除含有微生物菌剂和丰富的有机质外，也含有较高比例的氮、磷、钾等营养元素，生物有机肥料则含有丰富的有机质和一定量的氮、磷、钾营养元素，具有增加土壤营养和改良土壤的功能，还可以作为无土栽培基质使用。根据添加生物菌作用的不同，可分为以下几类：固氮作用的菌肥包括根瘤菌、固氮菌、固氮蓝藻等；分解有机物的菌肥包括有机磷细菌和复合细菌等；分解土壤中难溶性矿物的菌肥包括硅酸盐细菌、无机磷细菌等；促进作物对土壤养分利用的菌肥包括菌根菌等；抗病及刺激作物生长的菌肥包括抗生菌、增产菌等。

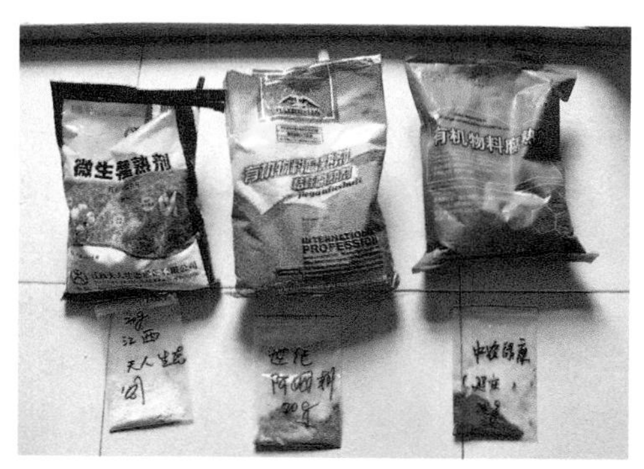

秸秆微生物腐熟菌剂

50　地表覆盖有什么好处？

地表覆盖指的是将无机覆盖物（如塑料片、碎石、鹅卵石等）或者有机覆盖物（树皮、树枝、碎木、松针等）有序地铺设在地表面的过程。地表覆盖可以减少水土流失，保持土壤孔隙处于开放状态；适当覆盖的土壤可以缓解干旱、洪水、

果园生草覆盖

高温和寒冷等各种负面影响，降低地表环境因子的变化幅度；地表覆盖特别是能够提高地表有机残留物的含量，可减少土壤蒸发，增加植物、根系分泌物供养微生物，显著增加土壤动物、生物链条的丰富度，直接提高地表生物循环能力。

51 生物质炭是什么？

生物质炭是由富含碳的生物质在无氧或缺氧条件下经热化学转化生成的一种具有高度芳香化、富含碳素的多孔固体颗粒物质。生物质炭根据热裂解炭化法和水热炭化法的不同，分为热裂解炭和水热炭。生物质炭含有大量的碳和植物营养物质，具有丰富的孔隙结构、较大的比表面积且表面含有较多的含氧活性基团，是一种多功能材料。我国古代的火粪和生物质炭有相似之处，都是不充分燃烧或者缺氧条件下生产的。生物质炭不仅可以改良土壤，增加肥力，吸附土壤或污水中的重金属及有机污染物，而且对碳、氮具有较好的固定作用，施于土壤中，可以减少CO_2、N_2O、CH_4等温室气体的排放，减缓全球变暖趋势。

日本稻田自制生物质碳

52　为什么要垃圾分类?

垃圾分类是指按一定规定或标准将垃圾分类储存、投放和搬运，从而转变成公共资源的一系列活动的总称。垃圾分类的目的是提高垃圾的资源和利用价值，减少垃圾处理量，降低处理成本。垃圾分类关系着资源节约型、环境友好型社会的建设，有利于我国新型城镇化质量和生态文明建设水平的进一步提高。垃圾按利用和处理方式的不同可以分为四大类，分别是可回收垃圾，主要包括废纸、塑料、玻璃、金属和布料五大类；其他垃圾，包括砖瓦陶瓷、渣土、卫生间废纸、纸巾等难以回收的废弃物及尘土、食品袋（盒）；厨余垃圾，包括剩菜剩饭、骨头、菜根菜叶、果皮等食品类废物；有害垃圾，包括电池、荧光灯管、灯泡、水银温度计、油漆桶、部分家电、过期药品及其容器、过期化妆品等。对于厨余垃圾及园林、农业等可降解的有机废弃物，可以通过堆肥的形式就地处理、就地利用，实现垃圾循环利用。

香港紫金广场分类垃圾箱

第二章　堆肥原料

53 对堆肥原料的性质有哪些要求?

堆肥原料的性质直接决定堆肥的质量和效率，性质主要包括水分含量、碳氮比（C/N）、颗粒大小、pH值几个方面。水分含量直接影响好氧堆肥反应速度的快慢，影响堆肥的质量，堆肥合适的含水率一般为50%～60%；堆肥适宜的C/N为25左右，常见的禾本科植物的C/N为40～60，畜禽粪便、城市污泥C/N为10～30；堆肥原料的颗粒大小与堆肥通气、水分和挥发性物质有直接关系，进而影响堆肥的速度以及时间，推荐的颗粒粒径为1～50毫米；pH值是影响微生物生长繁殖的重要因素之一，多数微生物适合在中性或偏碱性环境中繁殖与活动，适宜的pH值为5～9，常见的堆肥原料如畜禽粪便、市政污泥、作物秸秆、草炭、蘑菇渣等一般不需要进行pH值调节。

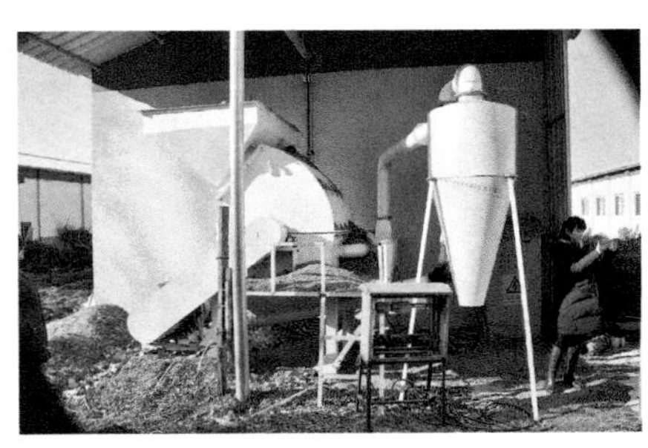

粉碎树枝的大型设备

54 堆肥的各种原料起什么作用?

如按照使用量划分，可以分为主料和辅料两种类型。主料是堆肥生产的主要原料，通常占物料总量的50%～80%，由一种或几种原料组成，常用的有畜禽粪便、市政污泥、草炭等；辅料是用来调节物料水分、C/N、pH值、通透性的一些原料，占比不超过40%，常用的辅料有秸秆粉、稻壳粉、稻糠、麦麸、饼粕、蘑菇渣、粉煤灰等。按堆肥原料的组分分类，又可以分为碳、氮原料。碳原料是指那些有机碳含量高的原料，这类原料可作为堆肥的主料，如植物类秸秆；氮原料是指那些C/N在30以下的原料，这类原料可作为堆肥的主料，如畜禽粪便、市政污泥、甘蔗滤泥等。

堆放的大量堆肥原料

55 种植业原料有什么特点?

种植业堆肥原料分为粮田类秸秆、蔬菜类秸秆和园林废弃物。粮田类秸秆包括水稻、小麦、玉米等作物秸秆；蔬菜类秸秆包括辣椒、番茄、南瓜、黄瓜等蔬菜秸秆；园林废弃物包括禾本科植物及草本类的植物残体等。种植业堆肥原料的有机质含量高，除含有纤维素、半纤维素、木质素、蛋白质等有机物以外，还含有作物所必需的元素，是堆肥的优质原料。秸秆类含水量变异大、C/N较高、纤维素含量高，需要进行风干、粉碎等处理。不同种类养分含量差异较大，豆科和油料作物秸秆含氮较高，禾谷类作物秸秆含钾较高，水稻茎叶中含硅丰富，油菜秸秆含硫较多。种植业堆肥原料堆肥形成的有机肥，其有机物含量高，对增加土壤有机质含量、培肥地力作用明显；秸秆分解产生的有机酸能促进土壤中难溶性磷酸盐转化为弱酸可溶性磷酸盐，提高磷酸盐的有效性；种植业堆肥在土壤中分解较慢，适宜作底肥，氮、磷、钾养分含量相对较低，制作有机肥时可以添加畜禽粪便以增加养分含量。

堆放的种植源堆肥原料

56 粮食类秸秆有哪些特点?

粮食类秸秆是籽实收获后剩下的作物残留物，包括谷类、豆类、薯类、油料类、麻类，以及棉花、甘蔗、烟草等其他农作物的秸秆。2020年我国主要农作物的秸秆理论资源量达8.73亿吨左右。从秸秆种类来看，玉米秸秆主要分布在东北区、华北区；稻草和麦秆主要分布在中南区和华东区；棉花秆主要产自西北区。从不同区域来看，秸秆产量由大到小依次为华东区、中南区、东北区、华北区、西北区、西南区，分别占全国秸秆总量的24.3%、22.8%、21.6%、12.2%、10.2%、8.6%。不同秸秆的性质不同，以玉米、小麦、水稻三大作物秸秆为例，全氮含量依次为0.9%、0.7%、0.9%，全钾含量依次为1.1%、1.6%、1.7%，C/N依次为42.9、62.8、48.5。

粮食秸秆打捆收集

57 蔬菜类秸秆有哪些特点?

蔬菜类秸秆是指在蔬菜生产中，收获黄瓜、番茄、辣椒、冬瓜等蔬菜后，残留的不能食用的茎、叶等废弃物，蔬菜秸秆已成为我国仅次于水稻、玉米、小麦三大粮食作物秸秆的第四大类作物秸秆。蔬菜秸秆的养分含量比粮食秸秆的高，氮、磷、钾平均含量为2.9%、0.6%、3%，C/N为12左右，相比粮食作物容易分解，是很好的堆肥原料。蔬菜秸秆按堆肥利用分成两大类：一是辣椒、番茄等果菜秸秆，这类秸秆生物量大、纤维素含量高、不易分解，一般每亩（1亩≈667平方米，全书同）有3 000千克的鲜重，堆肥前通常需要粉碎、风干、移除吊绳等预处理；二是西瓜藤、冬瓜藤、南瓜藤、黄瓜藤等瓜类秸秆，这类秸秆生物量较小、容易分解，堆肥前的预处理相对简单。利用蔬菜秸秆制作的堆肥与普通畜禽粪肥相比，其C/N高，有机质含量增加，长期施用堆肥可以增加土壤养分保持能力，具有缓释性，还能显著改善土壤的团粒结构，防止土壤板结。

收集的蔬菜秸秆

58 园林废弃物有哪些特点？

园林废弃物主要是指园林植物自然凋落或人工修剪所产生的枯枝、落叶、草枯、花谢、树木与灌木剪枝及其他植物残体等。由于城市绿化面积不断扩大，园林绿化废弃物产生量巨大且每年以10%～20%的速度上升，园林绿化废弃物成为继生活垃圾之后的又一大城市废弃物，园林废弃物具有分布广、季节性强、运输成本高、可再生性好、利用方式多样等特点。2020年，我国城市园林废弃物总产生量约4 700万吨，园林废弃物的理化性质为含氮1.3%、磷0.2%、钾0.5%、pH值6.1、C/N53.0，主要成分为纤维素、多糖和木质素等，进行堆肥处理的基础较好。相比生活垃圾等其他城市固体废物，其原料污染少、不含重金属等有毒有害物质，堆肥后产品安全性好、市场价值高，并且园林废弃物中氮、硫等堆肥臭气元素较少，堆肥过程基本无臭味污染，二次污染小。

园林废弃物粉碎现场

59　动物性堆肥原料有什么特点？

动物性堆肥原料主要指粪尿，即动物的排泄物。养分全、腐熟快、肥效好，是优质的堆肥原料。粪便作为肥料还田，是我国农村处理粪便的传统做法，在改良土壤、提高农业产量方面取得了很好的效果，“养猪不赚钱，回头望望田”这句民间俗语确切地体现了粪便在农业生产中的重要地位。国外一些经济发达国家，甚至通过立法规定了饲养场的家畜最大饲养量、家畜粪便施用量限额以及排污标准等，以迫使饲养场对家畜粪便进行处理，让粪便还田作肥料是形成农牧良性循环、维持生态平衡的有效措施，不仅消纳了畜牧业产生的废物，还促进作物增产。动物性堆肥原料包括人粪尿，猪、牛、羊、马等家畜的粪便，鸡、鸭等禽类的粪便以及蚯蚓等的粪便，各种粪尿的成分、特性、资源数量因动物种类、数量、食物结构的不同差异很大。

60 人粪尿有什么特点?

由于人粪尿肥分浓厚、养分齐全、肥效快、数量大，各地均为大宗肥源。人粪含水量70%~80%、有机质20%，含有纤维素、半纤维素、蛋白质及其分解物等；人尿95%是水分，其他成分为可溶性有机物和无机盐，有机物主要是尿素、尿酸、马尿酸，无机盐中氯化钠最多，约占1%，其次是磷酸盐、铵盐及各种微量元素。新鲜尿呈微酸性，腐熟后由于尿素分解生成碳酸铵，呈碱性。同化学肥料相比，人粪尿具有来源广、养分全、肥效较快而持久、能够改良土壤、成本低等优点，可作追肥与基肥。人粪尿须经过发酵腐熟后才能施用，一是因为人粪的氮、磷大部分是有机态，作物难以直接吸收利用；二是粪尿中含有病菌和虫卵，需要经过发酵腐熟后施用以减少病菌发生。

北京金叵罗村公厕

61 家畜类粪便有什么特点?

家畜类粪便是我国主要的有机肥料资源，包括牛粪、猪粪、羊粪、马粪等。牛是反刍动物，牛粪质地较细，有机质和养分含量在家畜中最低，牛粪含水较高，通气性差，C/N较高，腐解较慢，发酵温度低，一般被称为冷性肥料。猪吃的是饲料，所以粪便质地较细，但是分解较慢，猪粪含有较高的有机质和氮、磷、钾养分，成分是纤维素、半纤维素、木质素、蛋白质及其分解物等。羊粪有机质含量比其他畜粪多，粪质较细，肥分浓厚，羊粪发热介于马粪与牛粪之间，亦属热性肥料。马粪中以纤维素、半纤维素含量较多，此外，还含有木质素、蛋白质、脂肪类、有机酸及多种无机盐类，质地粗松，含有大量高温性纤维，可分解细菌，在分解过程中能产生高温，属热性肥料。

干猪粪（左侧）和鲜猪粪（右侧）

62 家禽类粪便有什么特点?

家禽类粪便是鸡粪、鸭粪、鹅粪、鸽粪等粪便的总称，我国圈养鸡最为普遍，利于粪便积存，鸡粪利用率约为80%，在规模化家禽养殖场中，采取干清粪的养殖场，由于家禽粪便较干燥，养分损失量少，很受农民欢迎，基本上均被利用。家禽的饲料组成比家畜的营养成分高，因此禽粪中有机质和氮、磷、钾养分含量都较高，还有1%～2%的氧化钙和其他中、微量元素，氮、磷、钾总养分在4%～5%。禽粪宜干燥储存，否则易产生高温导致氮素损失，禽粪在堆积腐熟过程中产生高温，禽粪腐熟后，可作基肥、追肥。

小规模蛋鸡养殖场

63 昆虫类粪便有什么特点?

昆虫类粪便指的是蚯蚓、蚕、水虻等昆虫代谢的产物，由于人工大规模集中养殖，会产生大量昆虫粪便，是优质的堆肥原料。蚯蚓粪通常指的是在人工养殖条件下，蚯蚓过腹牛粪、猪粪等废弃物产生的蚯蚓代谢物，蚯蚓粪是一种黑色、均一、有自然泥土味的细碎类物质，具有很好的孔性、通气性、排水性和高的持水量。蚯蚓粪因有很大的表面积，使得许多有益微生物得以生存，并具有吸收和保持营养物

黑水虻虫粪

质的能力。蚯蚓粪中富含细菌、放线菌和真菌，这些微生物不仅使复杂物质矿化为植物易于吸收的有效物质，而且还合成一系列有生物活性的物质，如糖、氨基酸、维生素等，这些物质的产生使蚯蚓粪具有许多特殊性质。蚕沙是蚕粪、蚕皮、桑叶残渣的混合物。蚕沙的特点是有机物丰富、养分浓度高，鲜蚕沙平均含粗有机物32.2%、C/N为17.9、全氮1.18%、全磷0.15%、全钾0.97%，所含氮素主要是尿酸态氮，易分解，在腐熟过程中能产生较多的热量，属热性肥料。

64 什么是泥炭?

泥炭是在一定的气候、地形、水文条件下在沼泽地里形成的，沼泽地表长期湿润或积水，土层通气不良，大量的动植物残体不能充分腐烂而堆积地表，未完全腐烂的残体年复一年地堆积起来，经过成千上万年的堆积和发展变化，便形成了泥炭。泥炭根据组分又可以划分为草炭和木本泥炭。我国的泥炭资源非常丰富、分布广、储量多，全国储量270亿~280亿吨，主要分布在东北的大兴安岭、小兴安岭、三江平原、广东、浙江、福建、青藏高原北部和东部，以及四川阿坝草原等地。泥炭的干物质大致包括3部分：一是没有完全分解的植物残体；二是植物残体被分解后，丧失了细胞结构的黑色的、无定形的腐殖质；三是矿物质。泥炭的组成中有纤维素、半纤维素、沥青、腐殖酸、灰分，有机物含量40%~70%，腐殖酸20%~40%，C/N为10~20，一般pH值为4.5~6.5。养分含量全氮1.2%~2.3%，全磷0.17%~0.49%，全钾0.23%~0.27%，由于泥炭C/N较高，且吸水性极高，因此在堆肥中是非常好的添加辅料。

泥炭开采现场

65 褐煤性质如何？

褐煤是成煤过程进一步发展的产物，当泥炭被其他沉积物覆盖而与地表氧化环境隔绝时，细菌分解作用便逐渐停止，在压力不断加大和温度不断增高的条件下，泥炭开始变得紧密和坚硬，碳化程度增高，逐渐变成了褐煤。同泥炭相比，褐煤较为致密，常呈板状，一般不含未分解的植物残体，含碳量增多（达60%～75%），水分减少，由于它能使氢氧化钠或碳酸钠等稀碱溶液染成褐色，因而称为褐煤。褐煤中腐殖酸含量变化较大，不同地区褐煤的腐殖酸含量差别很大。褐煤因含有较高的腐殖酸，常用于提取腐殖酸，用于堆肥过程。我国有丰富的褐煤资源，储量约823亿吨，在东北、西北、华北等地分布较广，主要集中在云南、内蒙古、黑龙江等地。

66 风化煤性质如何？

风化煤即露头煤，俗称“逊煤”，是煤层长期暴露在地表的部分，一般可深达10～100米。风化煤外观呈黑色至黑褐色、无光泽、质地酥软、硬度小，可以用手指捻碎、湿性大，又不易点燃（即不好烧）。地表面的煤经过空气和水长时间氧化、水解作用，形成了大量的腐殖酸。风化煤中的这种再生腐殖酸，含量一般为5%～60%。这种再生腐殖酸与泥炭、褐煤中的原生腐殖酸有所区别，它在生成过程中，常与钙、镁、铁、铝等盐类作用，生成不溶于水的腐殖酸钙、镁、铁、铝盐（也可能以它们的络合物形式存在）。作物吸收利用相对较难，过去一直把这种风化煤视为“废物”，很少利用。风化煤的蕴藏量极为丰富，遍及我国各矿区，以山西、内蒙古、河北、河南、四川、贵州、宁夏、新疆等地储量多，特别是山西、河南的风化煤储量大，腐殖酸的含量高，适宜作腐殖酸肥料。

67　农产品加工副产品可用于堆肥吗？

我国农产品加工业发展迅速，但总体水平不高，主要表现在企业规模小、分布零散、技术水平和装备比较落后、加工粗级、深度利用率较低等方面，因此不仅造成农产品资源的大量浪费，而且常伴随产生数量巨大的废弃物。农产品加工废弃物主要包括饮料制造业的果皮残渣，畜禽加工的下脚料，生产淀粉的甘薯渣、马铃薯渣，制糖业的甜菜渣、甘蔗渣，粮油加工后的稻壳、麦麸、菜籽饼粕、豆渣等，酿造业的酒渣等。目前我国产生的农产品加工废弃物种类繁多，按加工主产物和有机质含量主要分为富糖类、富脂质类、富蛋白质类及富纤维类等。农产品加工废弃物作为一种低能量的湿生物质资源，大部分具有与加工主产物相当的营养价值，采用厌氧发酵技术对其进行发酵处理，为实现废弃物的资源化、能源化、减量化和无害化提供了有效的处理方法，实现了资源的循环利用。

68 麸皮的养分含量及性质如何?

麸皮是小麦磨取面粉后筛下的种皮，属于小麦加工面粉的副产品。它呈麦黄色，片状或粉状，含有丰富的蛋白质、矿物质、维生素、碳水化合物、膳食纤维，它不仅粗纤维、粗蛋白质含量高，而且质量较好。麸皮含全氮0.14%、全磷3.20%、全钾0.24%、pH值为7.15。麸皮可作肥料使用，但前提是需要经过发酵处理，麸皮C/N极高，可以作为堆肥调碳的原料，对麦麸发酵时，首先可将麦麸拌湿后放入密封的容器中，然后放在太阳下高温发酵，过几天适当松开一下盖子以免出现胀气现象，还可以加入适量EM菌来缩短发酵时间。

麸皮

69 稻壳的养分含量及性质如何?

稻壳是稻谷外面的一层壳，由外颖、内颖、护颖和小穗轴等几部分组成。稻壳富含纤维素、木质素、二氧化硅，其中脂肪、蛋白质的含量较低。稻壳含全氮2.09%、全磷1.13%、全钾

0.66%、pH值为6.68、C/N为32.8，稻壳有一层蜡质层，硅酸含量高，因此不容易腐烂掉，稻壳用作堆肥原料可以调节堆肥的结构和容重，提高堆肥的孔隙度，一般的发酵剂作用很小，需要加入大量的氮肥才能发酵为有机肥料。

稻壳炭

70 饼类副产品有哪些?

饼类副产品是指油料作物种子经榨油后剩下的残渣，主要有豆饼、菜籽饼、麻籽饼、棉籽饼、花生饼、茶籽饼等。它富含有机质、蛋白质、氨基酸、微量元素等营养成分，因原料的不同，榨油的方法不同，各种养分的含量也不同，一般含水分10%～13%，有机质75%～86%，是含氮量比较多的有机肥原料，用于堆肥可以显著提高堆肥养分、生物质量。菜籽饼养分含量高，富含有机质和氮素，并含有相当数量的磷、钾和微量元素，C/N小，总氮、磷、钾的含量分别为2%～7%、1%～2%、1%～2%，粗蛋白质的含量为39.1%～45%，粗脂肪含量为1%～4.6%，经发酵后氨基酸含量在1.5%以上。豆饼总氮、磷、钾的含量分别约为7.8%、1.6%、1.5%，粗蛋白质含量在43%左右，粗脂肪含量为0.6%～2.6%，经发酵后氨基酸含量在1%以上。麻籽饼含有氨基酸、多肽、小肽、矿物质等丰富的营养物质，总氮、磷、钾含量分别约为5.7%、2.6%、1.4%，粗蛋白质含量为40%～46%，粗脂肪含量为3.4%～10.3%。

豆粕

71 酒糟的养分含量及性质如何？

酒糟是米、麦、高粱等酿酒后剩余的残渣。酒糟是酿酒过程中的下脚料，它不仅含有一定比例的粮食，可以节省喂牛的精料，还含有丰富的粗蛋白，高出玉米含量的2～3倍，基本理化性质为全氮6.1%、全磷2.5%、全钾0.9%、pH值为6.8、C/N为5.1。同时还含有多种微量元素、维生素、酵母菌等，赖氨酸、蛋氨酸和色氨酸的含量也很高，这是农作物秸秆所不能提供的，用于堆肥时可以显著提高养分含量，丰富养分种类。酒糟含有大量的乳酸菌、酵母菌等多种复合菌群，是理想的有机肥发酵剂，不仅可以极大地缩短发酵时间，还可以杀灭残留的病菌和虫卵，提高有机肥的可利用养分和有益微生物数量。

酒糟

72　味精渣的养分含量及性质如何？

味精渣是味精厂生产味精后的残渣，味精渣蛋白质含量较高，主要是非蛋白氮，色泽上呈现土黄色，外观上呈现微颗粒状，气味浓香。我国味精年产量达63万吨，占世界年总产量的47%，味精渣的量也有百余万吨。据有关检测结果表明，味精渣中含有41.2%的蛋白质、11.8%的粗脂肪、2.4%的粗纤维和6.2%的灰分，且蛋白质中含有人体所必需的8种氨基酸中的7种，氨基酸总和占55.1%，其中蛋氨酸占0.9%、赖氨酸占2.2%、胱氨酸占3.0%、精氨酸占3.1%、天门冬氨酸占5.6%、苏氨酸占2.7%等，其营养丰富且平衡性较好。以往味精渣只是作为廉价的动物饲料，造成了蛋白质资源的浪费，且味精渣经过提炼和高温处理后，无任何毒副作用，高温发酵过程中会分泌与合成大量活菌、蛋白质、氨基酸、各种生化酶、促生长因子等对营养与激素类物质，是很好的堆肥原料。

73 食用菌菌渣的性质如何？

食用菌菌渣是收获食用菌后残留的含有较多菌丝体和有益菌等的培养基废料，又叫菌糠。食用菌栽培过后的菌渣会产生很多的菌丝体，留在菌棒上，然后通过酶的分解会产生很多有机酸和生物活性物质，菌渣中还含有丰富的糖、蛋白质、氨基酸等营养物质及铁、钙、锌、镁等微量元素，其营养价值高，有很大的利用潜能。据研究表明，每100千克菌渣含氮、磷、钾最多的相当于4.8千克尿素、12.1千克过磷酸钙和3.9千克氯化钾。食用菌菌渣用作肥料不仅可以避免堆积污染环境，降低肥料生产成本，提高堆肥产品质量，还能提高作物产量，改良土壤，培肥地力。

食用菌菌渣处理现场

74 海洋类堆肥原料有哪些？

海洋类堆肥原料分为动物性海洋堆肥原料（如海鱼类、贝类、海星、海胆、小蟹以及水产加工副产品等）、植物性海洋堆肥原料（如海藻、海苔等）、矿物性海洋堆肥原料（如海泥、海卤水等）。水产食品加工过程中会产生大量的废弃物，如虾、蟹的头、壳、尾，鱼的皮、鳞、骨、刺、内脏等，这些废弃物占原料鱼比重的40%～55%，水产加工废弃物腐熟之后，蛋白质、脂肪以及其中的粪便也能在微生物的作用下分解成小分子的氨基酸、单糖以及大分子的有机质等。

鱼骨渣

75　海藻有什么特点？

海藻是生长在沿海地区潮间带的低等隐花植物，是海洋生物中较大的家族，它分为9个门，通常所利用的经济藻类有100多个品种，用作肥料的藻类是那些易于采集和养殖且具有相当数量的海带、巨型褐藻以及绿藻和红藻。藻类植物体内含有大量的氨基酸等有益物质，在藻类细胞中发现有28种游离氨基酸，不同藻类的氨基酸含量所占比例不同。在褐藻中还发现有氨基醇、碘代氨基酸等含氮化合物，有些能被作物直接利用，有些通过微生物作用后转化成作物营养元素。藻类还含有多种对生物很有价值的化合物，如维生素族、类脂、色素、抗生素、酶等，藻类的氮、磷、钾含量较高，还含有铜、锰、铁、锌等微量元素。

海藻渣

76 厨余垃圾能否作为堆肥原料？

厨余垃圾成分复杂，是油、水、果皮、蔬菜、肉、骨头以及废餐具、塑料、纸巾等物质的混合物，以蛋白质、淀粉和脂肪等为主，且盐和油脂含量高。我国厨余垃圾产生量大、面广，主要是宾馆、饭店、企事业单位食堂等在经营过程中产生的残羹剩饭、下脚料等混合物。2016年全国厨余垃圾产生量达到9 700万吨，这类垃圾资源数量庞大且集中，有利于资源化利用。厨余垃圾中的水分约占79%，干物质约占21%，粗蛋白质约占20%，粗脂肪约占28.8%，基本理化性质含全氮4.4%、全磷2.3%、全钾1.6%，厨余垃圾含有极高的水分与有机物，很容易腐坏，产生恶臭，经过妥善处理和加工，可转化为新的资源。高有机物含量的特点使其经过严格处理后可作为肥料（土壤调理剂）、饲料原料，也可产生沼气用作燃料或发电，油脂部分则可用于制备生物燃料。

厨余固液分离

77 污泥能否作为堆肥原料?

污泥是指混入生活污水或工矿废水中的泥沙、纤维、动植物残体等固体颗粒及其凝结的絮状物、各种胶体、有机质及吸附的金属元素、微生物、病菌、虫卵等物质的综合固体物质。此外，经过污水渠道、库塘、湖泊、河流的停流、储存过程而沉积于底部的淤泥也称作污泥。污泥在未经脱水干燥前均呈浊液，称液态污泥，液态污泥的含水量为95%以上，富含有机物，以干重计算全氮、全磷、全钾的平均值分别为4.1%、1.2%、0.4%。污泥中的氮以有机氮为主，其矿化速度比猪粪的快，供肥特点为缓效性与速效性兼备，磷的有效性较高。目前按照NY/T 525—2021《有机肥料》标准，禁止污泥用作商品有机肥的原料，农业生产不允许施用，经过稳定化、无害化处理后的污泥，可以进行其他土地利用。

污泥原料

第三章 堆肥要求

78 存放固体粪便有什么要求？

固体粪便储存设施一般根据养殖规模和收集能力设计和建设，储存设施应符合当地有关部门的要求和规定，远离湖泊、小溪、水井等水源地；粪便在储存过程中采取覆盖措施以减少臭味产生，设置在下风口，远离风景区和住宅区；粪便储存设施不应建在坡度较大以及容易产生积水的低洼地带，避免粪水溢出而产生污染；避免在有裂缝的基岩地貌上建筑储存设施，也要避开周围环境对设施整体稳定性的影响，如建筑物、树根等；为确定该场地是否符合当地相关的防渗要求，必须对土壤进行渗水性检测。

北京农村堆肥场地

79 固体粪便储存设施有哪些?

固体粪便储存设施一般分为露天、遮盖两种类型。

露天堆放场：露天堆放场临时存放固态粪便，须留有能让装载和运输设备进出的空间，控制堆体的渗出液，以防止造成河流、地表水或地下水的污染，使用导流明渠或地下管道将其导流到液体储存池。露天堆放设施的墙壁常用木制、钢筋水泥或水泥块做成，地面进行硬化处理。

遮盖储存间：多雨的地区需要用有屋顶的设施存放固态粪便，建造材料要进行防腐处理，钢筋混凝土也要经过震压处理，这样能保证长期接触粪便而保持不变。此外，木质结构必须使用高质量和经过防腐处理的金属固定件，以减少固定件因腐蚀而造成损坏。储存间地面要进行硬化处理，坡道的坡度为8：1（水平：垂直）或较平的坡道是安全的，坡度太陡会给操作带来困难。混凝土铺设的坡道和储存设施地面应保证表面粗糙，有助于增加摩擦力，坡道要有足够的宽度，以利于设备安全进出和移动。

固体原料临时存放设施

80 液体粪便存放设施有什么要求?

液体粪便需要储存池进行存放，储存池要与养殖区和居民区等建筑物间隔一定的距离，以满足防疫的要求，一般设置在养殖场生产区、生活区主导风向的下风口或侧风向；储存池应符合排放、资源化利用和运输的要求，应留有一定空间用于扩建、运行和维护。液体粪便储存设施有地下和地上两种类型，地下储存设施有敞口和封闭两种，但地上储存设施多为封闭类型。地质条件好、地下水位低的场地适宜建造地下储存设施，地下水位高的场地适宜建造地上储存设施。根据场地大小、位置和土质条件，可选择正方形、长方形、圆形等形状的设施。

万吨双层球形粪污储存设施

81 原料储存会造成养分的损失吗?

粪肥养分损失一般分为两类：一是施入土壤前的养分损失；二是施入土壤后的养分损失。粪肥施入土壤前的养分损失差异很大，这取决于收集、储存、处理等方式方法，气候条件及管理措施对养分的损失也有较大的影响。在温暖的气候条件下，养分的蒸发损失会变得很快，如果再有风的话，会加剧养分的损失。另外，废弃物存放和处理的时间越长，养分损失的就越多。当温度降到5℃以下时，微生物的活动几乎停止。大多数的蒸发损失会在秋天停止，直到第二年春天恢复，这是一种自然保护现象。

表面覆盖减少养分损失

82 原料含水量对堆肥有影响吗?

微生物的活动需要适宜的水分，水分过高或者过低都影响堆肥效果。水分含量过低意味着堆肥原料整体干燥，会阻碍微生物的生长，容易产生物理性质稳定而生物性质不稳定的堆肥产品；水分含量过高意味着堆肥原料整体湿润，水分含量高会阻塞气孔并阻止气体交换，导致堆肥过程趋于缺氧或者向无氧的方向发展，降低堆肥速度并引起堆肥产品质量下降。因此，堆肥原料含水量对于堆肥过程非常重要，普遍认为原料的初始含水量60%左右是理想的状态，当然不同堆肥原料由于自身性质的差异最佳含水量会有一定的区别，但是差异不大。

塑料遮盖的原料

83　原料、水分和空气之间是什么关系？

微生物所需的氧气主要来自周围空气和物料空隙之间的空气，周围空气扩散到堆肥的速度很慢，所以空隙之间的空气是微生物主要的氧气来源，空隙间的空气含量主要受含水量和原料孔隙度的影响。如果堆肥中的水分含量过高，就会取代原有空气的位置，堆体会出现无氧或者厌氧的条件；原料的颗粒强度决定孔隙度，强度大可以支撑足够的空间为微生物获得足够的氧气，反之微生物就会在厌氧条件下发酵。因此，堆肥需要在保证适宜含水量的前提下，还要保证合理的原料或者填充物为微生物提供充足的空气。

84　什么类型的原料需要加入填充剂？

填充剂指的是与其他物料混合后仍可保持其自身结构完整的物质，同时填充剂能吸收一定的水分效果会更好。当物料混合后会有来自堆料上方的压力，要保持自身结构完整需要有一定的抗压能力，能够保持一定的空隙维持有氧状态，这种类型材料包括木屑、干草、秸秆、麸皮等，这些材料的混合物为微生物保证足够的空气。还有一些物料，自身的抗压能力很差，受到挤压就会变形导致空气和水可用空间减少，这种材料通常有厨余垃圾、污泥和没有垫料的动物粪便等，这些物料进行堆肥必须要加入填充剂。在实际应用中如果没有填充剂，需要改进处理制作一些填充剂，例如经过干燥的鸡粪、堆肥的筛下物颗粒等物质，可以作为堆肥的填充剂。

轮胎可作为填充剂

85 如何依据碳氮比（C/N）科学搭配原料?

如果原料的C/N过高，可以加入C/N低的原料进行调解，相反如果C/N过低，可以加入氮含量低的原料进行调解，以下为几类典型的原料的C/N。如果没有原料的C/N数据，可以测定取得精确数值，氮素通过凯氏定氮法测定，碳可以通过灼烧或者焚烧折算灰分的方法计算，焚烧折算灰分相对方便操作。在实际操作中没有测定的条件，可依靠经验进行原料搭配，新鲜绿色的原料和干燥的原料体积比按1：4或者1：3进行搭配。

不同原料碳氮比（C/N）

类别	名称	氮含量	碳氮比（C/N）
植物类	小麦秸秆	0.5	78.2
	西瓜藤	2.5	18.8
	木屑	0.1	200
粪便类	猪粪	2.1	17.3
	鸡粪	2.3	15.5
	牛粪	1.7	18.8
其他类	厨余废弃物	1.5	19.9
	污泥	0.2	14.7
	屠宰场废弃物	1.9	24.1

86　空气湿度临界点为什么是30%？

按堆肥的经验划分，南方因为空气湿度较高可以采用条垛式堆肥，而北方因为空气湿度较低一般采用槽式堆肥，相比槽式堆肥条垛式堆肥水分损失的更多、更快，当堆体含水量和空气含水量数值接近时，堆体水分不再损失且含量保持稳定。根据堆肥的初始含水量65%左右，在经历30天左右的堆肥周期之后，堆体的含水量不断降低，到堆肥结束时基本保持在30%左右，这也是商品有机肥推荐的最佳含水量。

87　为什么原料碳氮比（C/N）最佳为25～30？

碳氮比（C/N）指的是堆肥原料里面有机碳总量和有机氮总

量的比值，是衡量物料搭配是否均衡的重要指标，为什么堆肥原料C/N最佳为25～30呢？微生物在利用营养时，在每利用1份氮的同时会利用30份碳，其中消耗20份的碳为微生物生长提供能量，10份的碳和1份的氮用于合成微生物自身的物质，这也是很多微生物特别是细菌体C/N为10左右的原因。如果C/N过高，会阻碍微生物的活动，延长堆肥时间；如果C/N过低，会导致大量的氮素以氨气的形式损失。C/N过高或者过低的堆肥产品，质量都有一定的缺陷。

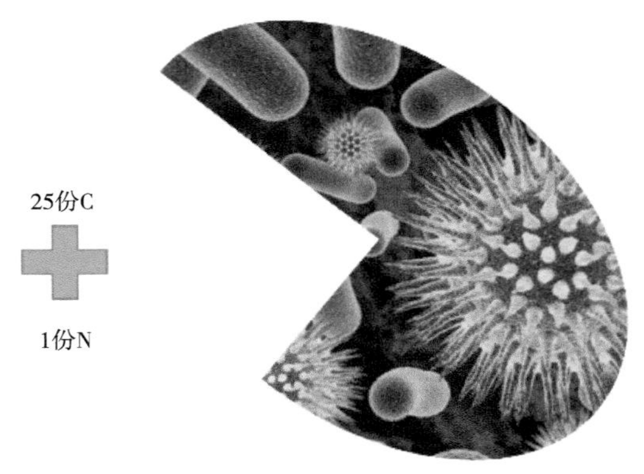

微生物取食最佳碳氮比（C/N）

88 堆体体积为多少合适？

堆体温度的高低取决于两方面：一是内部微生物活动产生的热能，这可以提高堆体温度；二是料堆向环境的热量损失，这可以降低堆体温度。料堆体积直接影响热量损失的程度，如果料堆体积过小，热量就会在产生的同时快速损失，料堆很难保持高温条件，因此料堆体积有一个临界值，只有在料堆体积高于临界值时，堆体才能有高温的条件。比如在温暖湿润的地区，料堆临界体积大约为1立方米，随着温度的降低，临界体积就会增加，特别是经常有强风的地方。当然堆体体积受堆肥方式的直接影响，比如条垛式堆肥高度一般为1～2米，而膜式堆肥则可以堆高为4～5米。

分子膜堆肥堆体达300立方米

89　24小时完成堆肥是真的吗？

根据堆肥的发展阶段可以将堆肥分为“堆肥化”和“腐熟化”两个过程，堆肥化指的是温度快速上升及高温阶段，腐熟化指的是温度下降及稳定阶段，两个阶段会持续几周的时间。而部分企业会宣传利用他们的设备或者技术1～3天就会完成堆肥，这是不切实际也是不可靠的，1～3天的时间堆肥可以实现快速升温达到高温阶段，也就是“堆肥化”的一部分阶段，而“腐熟化”却没有进行，通常利用这种短时间处理的堆肥原料，只能经过高温无害化处理，但是原料的性质没有达到稳定，起到了堆肥的预处理作用，利用这种方式产生的产品，施用不当容易产生发酵烧苗的现象。

24小时一体化处理设备

90 堆肥过程中能添加化肥吗？

以牛粪、秸秆等为主要原料制作的有机肥料总养分含量往往低于5%，达不到商品有机肥的行业养分要求，除了添加其他高养分的原料外，能否通过添加化肥来提高养分含量（通常会添加氮、磷养分）？当在堆肥制作过程中加进化肥时，随着腐殖化过程和微生物生化过程会将绝大部分无机的养分转化成有机态养分，即使少量的养分以无机形态存在，对堆肥产品质量和植物养分吸收也具有积极作用。当然添加化肥养分也会带来两个问题：一是

堆肥过程添加营养元素

会增加成本投入，每吨产品增加1千克纯氮（N）或五氧化二磷（P_2O_5），其成本在40元左右；二是增加堆肥产品的氮、磷养分含量，会降低堆肥产品有机质含量。

91 堆肥过程中如何准确通风?

通风是堆肥过程中关键的操作，通风为好氧微生物的生长提供所需的氧气；在温度较高时通风可以蒸发掉水分，降低堆体的温度，并降低堆体的含水量，因此通风也需要精确控制。传统的堆肥过程中，翻堆的同时为堆体提供了通风，现代的堆肥技术有的已经不需要进行翻堆，通风方式相应也发生了改变。供氧所需的通风量主要取决于堆肥原料中有机物含量、有机物中可降解成分的比例和可降解系数等，可以通过堆肥中有机质的化学构成及其降解程度来计算，通风的频率根据堆肥的周期、产品的质量要求等因素确定。

大型除臭设备

92 分子膜堆肥如何控制通风和水分?

堆肥过程中物料的含水量和通风量（氧气）是决定堆肥成

败的关键，开始的堆肥原料含水量为60%～70%，最好在65%左右。由于分子膜堆肥技术是通过不断鼓风使得堆体内水分散失掉的，因此，通风直接影响堆体的含水量，需要制定完善的通风方案，特别是通风的强度、频率、持续时间，以保证在不同的条件下顺利完成堆肥。例如鼓风机的通风频率和强度按每天蒸发掉1～2个百分点来计算，15～20天的好氧堆肥后，堆肥物料的水分含量就可控制在30%左右，堆肥过程中无须加水。

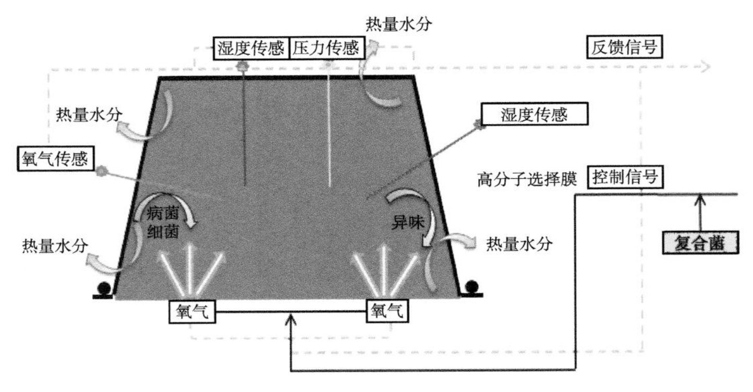

“生物+分子膜”发酵工作原理

93 堆肥过程中为什么要进行翻堆？

在一个堆体内，并不是所有的区域都是均匀一致的，堆体通常可以分为4个区域，即外部区域、内部区域、下部区域、上部区域。外部区域温度最低，并且氧气充足；内部区域氧气不足；下部区域温度很高，氧气也充足；上部区域是最热的，并且氧气供应也充足。因此为了使所有的原料都有一个较好的堆肥化效果，能在氧气充足的条件下实现高温处理，需要进行合理的翻堆使得堆肥原料在4个区域均匀分布。

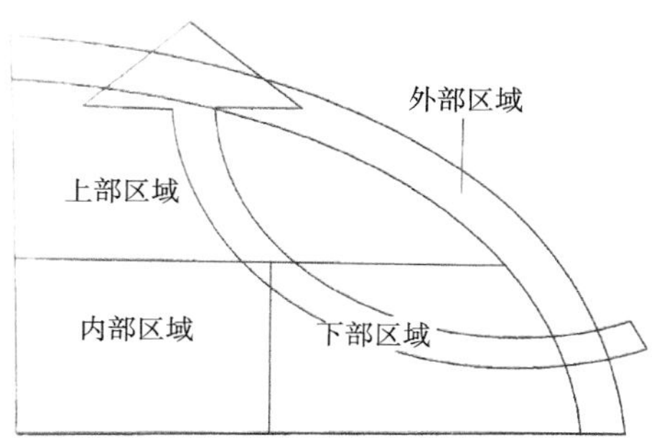

堆体横截面4个分区示意图

94　堆肥过程中翻堆频率如何确定？

原料中易分解性有机物的含量越多，所需的通风量也越大。在发酵初期，易分解性有机物的含量多，而二次发酵中易分解性有机物的分解已基本结束，因此在发酵初期所需的通风量明显高于二次发酵。当投入发酵设施的堆肥返料和辅料的量较多，且C/N较高时，应采用通风量的下限；当采用无添加方式且C/N较低时，应采用通风量的上限。在二次发酵中，若翻堆频率为2～3天一次的话，那么采用的通风量为零到下限值的范围；翻堆的频率为一周或者更长时间一次的话，通风量采用上限值。

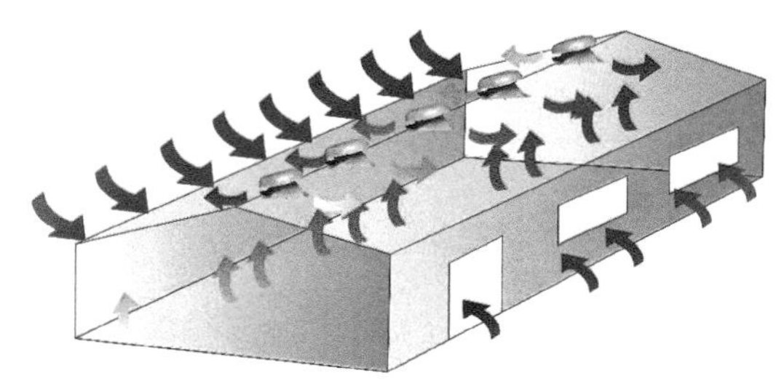

通风示意图

95 堆肥过程中应该补充水分吗？

堆肥过程中温度快速上升（60～70℃）并持续一段时间，会蒸发大量的水分来排热，使得堆肥物料持续变干，那么在堆肥过程中是否需要将水分补充到适合的含量？能否添加水分要充分考虑以下几点：一是添加水分需要具备相应的设备设施，进行物料的翻堆或者旋转实现水分均匀地添加；二是不宜频繁添加水分，因为水分每一次的加入都会多方面影响堆肥过程，堆肥过程都需要一段时间才能稳定，严格控制水分的添加次数，当然添加水分对堆肥进程影响究竟如何是值得研究的；三是翻堆、添加水分对堆肥质量和效率都有明显的影响，同时影响堆肥的成本，在操作中需要给予综合的考虑。总体而言，在现有的堆肥发展中，中途添加水分还不常见。

堆体温湿度监测

96 堆肥过程中如何产生臭气？

堆肥过程常伴有臭气，处理不当臭气会长时间高浓度地存在，那么臭气是如何产生的呢？恶臭的气体一般是在厌氧条件下产生低级脂肪酸和硫化物。堆肥开始，原料温度尚未大幅上升时，硫化物等恶臭较强，随着原料温度的上升，氨气增加，堆肥化处理设施中的臭气浓度比畜舍的高，氨浓度有时可达到每立方米数千毫升。此外，堆积—翻堆型堆肥与强制通风型堆肥相比，在臭气的发生量和发生模式方面有很大差异，堆积—翻堆型堆肥在翻堆时产生恶臭显著，其他时间产生的恶臭较少。强制通风型堆肥随温度上升，氨浓度在通气期间保持较高，在选择除臭工艺时，须选择能够去除这种高浓度氨气的工艺。

设备翻堆过程

97　产生的臭气都是什么？

堆肥过程中常伴随着臭气，这些臭气是什么？是怎么产生的呢？研究表明堆肥过程中在氧气不充足的情况下，会产生具有刺激性的臭气，这些臭气主要包括胺类、无机硫、氨气、酮类等气体。胺类是由氨引出的一类烷基，是由蛋白质和氨基酸在厌氧分解下产生的，包括甲胺、乙胺、尸胺、腐胺等都具有腐烂味和腥臭味的气体；硫化氢是一种类似臭鸡蛋的气体，在厌氧发酵过程中由蛋白质或者含硫有机物的分解产生，在堆肥过程中出现厌氧条件就会产生硫化氢；任何低C/N的物料都易于释放出过量的氨到大气中。

臭气种类

98 怎样减少臭气的产生?

堆肥臭气的控制主要分为两方面：一是在堆肥过程减少臭气产生，堆肥过程的优化控制包括制定合适的堆肥物料混合比，调节碳氮比（C/N）；保持堆肥混合物料合理的孔隙度以保障通气；抑制堆体中产生厌氧发酵的条件，使堆肥微生物代谢充分；在堆肥起始物料中添加生石灰调节堆体pH值以降低臭气排放。二是收集臭气以减少扩散，堆肥的过程控制十分重要，但不能达到直接排放的要求，故对臭气进行处理必不可少，目前臭气处理的方法主要有物理吸附、化学洗涤、生物过滤以及基于热化学原理的热处理等。

化学法吸收臭气形成的固体

99 哪些设备设施能处理臭气？

堆肥设施运行过程中，仅靠抑制方法是无法满足环境目标的，因此除臭系统成为堆肥设施的必要组成部分。目前常用的除臭方法是生物除臭法，即在有氧条件下，利用好氧微生物的代谢活动将臭味气体转化成无味或较少气味的气体。生物滤池法是一种空气污染控制方式，它使用生物活性介质来吸收/吸附气流中的化合物，并保留吸附的化合物进行后续的生物氧化。生物滤池的过滤介质一般由具有良好结构稳定性和透气性能的木屑、树皮及树枝组成，并喷洒专门除臭功能的微生物菌剂。生物滤池整体技术流程为，在发酵车间内设置臭气收集系统，采用离心风机将堆肥在发酵过程产生的臭气抽出来集中处理。首先通入水喷淋段，使臭气与喷淋水逆向接触，用水将气体中的有害成分洗涤下来并对气体进行增湿，洗涤水可回收用于发酵和生产过程的原料补充用水；然后气体通过多管系统进入生物滤池过滤段，穿过过滤介质时，介质中的生物吸附并降解剩余的有害成分。通过这样处理恶臭气体中的主要成分NH_3、H_2S的去除率均可达到98%以上。

天津有机肥厂负压除臭设施

100 如何判断堆肥过程结束了？

有效并及时地判断堆肥过程是否结束，对于堆肥来说很重要，下面介绍几种简单实用的判断方法：一是温度触摸法，如果温度降到环境温度或略高于环境温度，表明大部分不稳定的物质都已经稳定化，此时废物已经堆肥化处理完毕，可以存储和应用；二是鼻嗅法，堆肥的气味取决于堆肥进行的程度，完成的堆肥常常介于微弱的煮食气味和腐败的肉类气味之间；三是观察法，堆肥整体外观慢慢变成暗黑色或者深灰色，同时堆肥颗粒会在降解、磨损和泡软的过程中变小，整体质地变得易碎。

堆肥成品

101 堆肥重金属来自哪里？

堆肥产品中有害物质主要包括三大类，分别是重金属（锌、铜、砷）、抗生素和抗生素抗性基因、病虫卵。堆肥的主要原料是养殖场的畜禽粪便，重金属元素（如锌、铜、砷等）和兽用抗生素在养殖业中广泛应用，添加的重金属和抗生素大部分随粪便、尿液排泄出来，对环境和人体健康构成潜在危害。铜、锌作为促生长添加剂在畜禽养殖业中广泛应用。例如根据我国《饲料添加剂安全使用规范》（农业部公告第1224号），家禽配合饲料铜限量为35毫克/千克，猪的配合饲料铜限量值为35～200毫克/千克，畜禽对铜、锌、砷等微量元素的吸收利用率极低，导致大量的锌（92%～96%）、铜（72%～80%）残留在粪尿里。

102 原料中火碱对堆肥产品有影响吗?

火碱（氢氧化钠）是一种强碱，是养殖业中常用的一种消毒产品。养鸡场用火碱消毒、冲洗鸡粪等，使粪便中残留大量的火碱。另外，很多不法人员为了快速发酵鸡粪，膨大鸡粪体积，牟取暴利，在鸡粪里添加火碱，严重破坏土壤结构，损伤植株根系，影响作物生长，特别是影响蔬菜长势。

103 堆肥产品的有机质越高越好吗?

有机质是堆肥产品的重要指标之一，而堆肥产品有机质依据原料来源可以分为发酵后产生的有机质和没有发酵的有机质，前者主要指来源于植物残体和动物粪便发酵腐熟产生的有机质，后者主要指来源于泥炭、褐煤（风化煤）等天然没有发酵的物质。发酵产生的有机质对活化土壤微生物、改善土壤结构具有重要作用，未发酵的有机质对活化土壤微生物、改善土壤结构作用较弱。因此，一般来说堆肥产品的有机质含量越高越好，但是区分有机质来源并鉴别有机质的种类对于评价堆肥产品质量更为关键。

具有高含量腐殖质的褐煤

104 怎样判断堆肥养分含量高还是低？

养分含量是堆肥产品关键的指标之一，商品有机肥通常会在包装上标记出养分含量，大多数商品有机肥以$N+P_2O_5+K_2O>4\%$的形式出现在包装上，表明氮、磷、钾3种养分含量总和在4%以上，右图显示的用于有机生产的有机肥氮、磷、钾养分含量较高。非商品有机肥通常不标记养分含量，可以根据堆肥的原料进行经验判断，不同原料堆肥养分含量从高到低一般为动物源>加工副产品>植物源>矿物源，动物源里由高到低为鸡>猪>羊>牛。

有机肥肥料包装

105 堆肥产品pH值重要吗?

由于原料的差别导致堆肥产品的pH值差别不一，例如以鸡粪、猪粪、牛粪、秸秆为主要原料的腐熟堆肥的pH值分别为9.0、8.5、8.2、7.8左右。可以说堆肥产品的pH值主要处于弱碱性范围，当堆肥物料pH值超过7.5，就开始有大量的氨挥发，就导致堆肥场环境恶劣和有机肥料产品中氮的严重损失。鉴于此，为了减少氨挥发保住堆肥产品中的氮素，建议堆肥产品pH值确定在6.0 ~ 7.5，各有机肥企业需要进行技术改造，在堆肥过程中调节堆肥物料的pH值，使之控制在6.0 ~ 7.5。

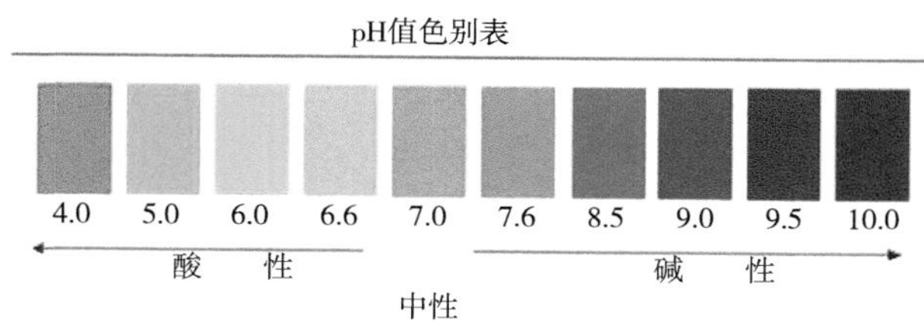

堆肥原料和产品pH值主要分布范围

106 商品有机肥有必要造粒吗?

市场上绝大多数商品有机肥都是没有经过造粒的，只有当有机肥利用机械大规模进行标准化、精准化施用的时候，对颗粒状态的有机肥需求度较高。堆肥产品造粒会带来以下两个问题：一是提高产品成本，造粒方式不论是圆盘造粒还是转鼓造粒，工艺类似，均需要先粉碎均匀、喷水成粒，然后高温（300℃）烘干，造粒成本增加130 ~ 160元/吨；二是改变堆肥产品性质，烘干后会减少产品微生物的数量并降低其活性，造粒降低含水量并提高堆肥硬度，延长堆肥在土壤里的停留时间。因此，除对有机肥特性、施用、销售具有特殊要求外，堆肥产品没有必要进行造粒。

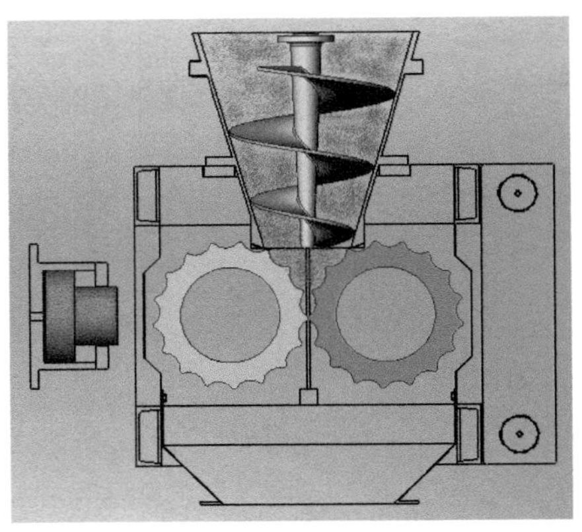

造粒机原理示意图

107 堆肥辅料有哪些？

堆肥混合物中，畜禽粪便、辅料和填充物的适当比例通常称为配方，辅料是添加到堆肥混合物中能改变其水分含量、碳氮比（C/N）或pH值的物质。堆制的畜禽粪便需要按适当的比例与辅料和填充物混合，以促进好氧微生物的活动和生长，并获得理想的温度。为取得良好的堆肥效果，堆肥混合物需达到以下几点：一是充足的能源（碳）和营养源（主要是氮）；二是充足的水分；三是充

中草药和木屑等辅料

足的氧气；四是pH值保持在6～8范围。许多材料适合作堆肥辅料，如植物残体、叶片、杂草、秸秆、干草和花生壳等，这些仅是农业生产中产生的可作辅料的一部分。其他如锯末、木屑或碎纸和硬纸板，也可以用作堆肥辅料。

108　堆肥厂该怎样选址？

堆肥厂的选址是非常重要的，同时又是争议比较大的事情。公众普遍会认为堆肥厂就是垃圾厂，二者没有什么区别，有明显的恶臭、噪声、灰尘等，都极力反对在家园附近建设堆肥厂，因此堆肥厂选址尤为重要。首先堆肥工作要符合当地发展规划及政策制定，这样政府部门会协调相应的资源，并统计本地区废弃物的产生和消纳情况，对于堆肥厂处理规模和选址具有重要意义；其次依据位置确定堆肥的处理规模，一般靠近城市的处理规模较大，靠近农村的处理规模较小；除此之外，还应考虑土壤地质、地下水、地形等环境因素，综合考虑土地成本、基础设施等经济因素。

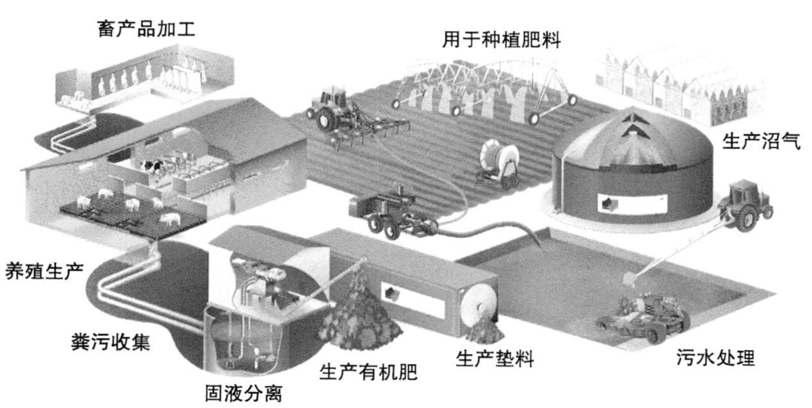

种养一体化示意图

109 堆肥物料粒径一般是多少?

从理论上讲，粒径越小越容易分解，但是，考虑到在增加物料表面积的同时，还必须注意保证物料有一定的孔隙率，便于通风，使物料能够获得充足氧气，因此，一般适宜的粒径范围是2～60毫米，最佳粒径随物料物理特性的变化而变化，如果堆肥物质结构坚固，不易挤压，则粒径应小些，否则，粒径应大些。此外，决定物料粒径大小时，还应从经济方面考虑，因为破碎得越细小，动力消耗就越大，处理物料的费用就会增加。按堆肥原料自身性质和堆肥需求，不同物料的最佳粒径一般为谷物废料2～10毫米、粪便10～30毫米、秸秆40～60毫米。

堆肥产品的粒径

110 袋装的有机肥摸起来为什么发热?

袋装的有机肥主要是在好氧堆肥、生物堆肥两种生产方式下生产的，生物堆肥的过程不会有高温的现象出现，那么发热的袋装有机肥只能是好氧堆肥方式产生的。清楚了发热的有机肥来源，再联想到在好氧堆肥的生产过程中有升温和降温的现象出现，就清楚了发热的袋装有机肥处于好氧堆肥中后期阶段，进行着生化腐殖化的过程向外释放热量，所以摸起来热乎乎的。那么热乎乎的有机肥该如何使用呢？这里推荐两种方式，一个是堆置15～20天，让有机肥完成后续的腐殖化过程，温度就会降下来；二是将肥料直接用在地里，将肥料和土壤充分混匀再进行播种定植。

第四章　堆肥产品

111　有机肥料都有哪些？

有机肥料种类多种多样，通常按有机肥的生产原料和生产方式等进行分类。比如按原料可以分为粪便、秸秆、污泥、海藻类的有机肥；按生产方式可以分为厩肥、绿肥、沼气肥料等；按产品类型可以分为普通有机肥、生物有机肥、腐殖酸有机肥等。不同种类的有机肥特性差别很大，比如粪尿有机肥料含有较多的氮素，腐熟后可以作为氮肥使用，能用作基肥和追肥；厩肥是由家畜粪尿和饲料残渣混合堆积而成的，其养分含量较低，但是含有大量作物必需镁、钙等物质；饼肥是由食品加工下脚料制作而成的，含有机质量可高达80%，其作基肥可翻入土中，也可作追肥浸泡成水溶液；生物有机肥是利用禽畜粪便、农作物秸秆废弃物制作成有机肥，接种特定微生物菌种的一种功能性肥料。

有机肥料存放现场

112　商品有机肥的优点有哪些?

商品有机肥一般指的是质量稳定并符合国家标准的堆肥产品，产品质量符合行业标准NY/T 525—2021《有机肥料》的要求，可以作为商品出售。该标准对产品的指标做出明晰的规定，有机肥产品的有机质含量（干基）不得低于30%，总养分（$N+P_2O_5+K_2O$）不得低于4%，水分含量不得超过30%，pH值为5.5～8.5，还包括一些其他的安全指标。商品有机肥具有洁净性和完熟性两大特点，商品有机肥在制作过程中不仅进行高温杀菌、杀虫，通过微生物完全发酵，并且很好地控制臭气浓度；商品有机肥的养分配比更合理，商品有机肥中的各类养分是可调整的，可以针对不同的土壤状况施用不同原料的商品有机肥。商品有机肥的出现，显著地促进了循环产业的发展，促进了区域环境的治理与改善。

规模化生产的商品有机肥

113　生物有机肥的作用有哪些?

生物有机肥料是指一类包含某种或某些特定功能微生物菌

种的特殊有机肥品种。按生物有机肥料中特定微生物的种类分为细菌类、放线菌类、真菌类；按其作用机理分为根瘤菌类、固氮菌类、解磷菌类、解钾菌类；按微生物种类的数目可分为单一的生物有机肥料和复合的生物有机肥料。生物有机肥有以下作用：一是固氮作用，例如根瘤菌和固氮菌，在适宜环境条件下可以固定空气中的氮，为作物生长提供氮素营养；二是释放养分，微生物把土壤中一些难以被作物吸收利用的物质分解转化为能被作物吸收利用的有效养分；三是促生作用，土壤中施入微生物肥料后，不仅增加了土壤中养分含量，还带入了各种维生素、酶及其他利于作物生长的物质，刺激作物的生长，协助作物吸收营养；四是抗病作用，土壤中接种有些微生物后，在作物根部大量繁殖，在一段时期内成为根际的优势菌，抑制或减少病原微生物的繁殖，对病原微生物产生抵抗作用。

田间待施用的生物有机肥

114 有机无机复混肥的特点有哪些?

有机无机复混肥，顾名思义，指的是有机肥和化肥按一定比例在化肥工艺下，加工生产的复合肥料。有机无机复混肥兼具有机肥和化肥的特点，其有机质含量较高，可有效改善根际微环境，促进植物吸收养分，同时有机无机复混肥养分含量较高，可快速为作物提供养分。有机无机复混肥中还掺有生物菌剂，各种有益菌能够起到有效的固氮、解磷、解钾的功效，有益菌代谢产物同样具有营养价值极高的养分。部分产品还添加其他有益元素像微肥、多酶、多肽等，使其营养更加全面，真正做到了养分无短板。

有机无机复混肥

115　什么是土壤调理剂？

土壤调理剂是指可以改善土壤物理性状，促进作物养分吸收，而本身不提供植物养分的一种物料，是以农用保水剂及富含有机质、腐殖酸的天然泥炭或其他有机物为主要原料，辅以生物活性成分及营养元素加工而成的产品。土壤调理剂按照材料性质可分为合成土壤调理剂、无机土壤调节剂、添加肥料的无机土壤调节剂、有机土壤调节剂和有机—无机土壤调节剂。土壤调理剂主要有以下作用：一是打破土壤板结、疏松土壤、提高土壤透气性、降低土壤容重，促进土壤微生物活性、增强土壤肥水渗透力；二是改良土壤、保水抗旱、增强农作物抗病能力，提高农作物产量，改善农产品品质，恢复农作物原生态等功能，大幅度提高作物成活率和农产品产量；三是调节土壤沙黏比例，改善土壤结构，促进团粒结构形成，提高土壤保水持水能力，增加有效水供应；四是调节土壤pH值，改良盐碱土，调节土壤盐基饱和度和阳离子交换量；五是调节土壤微生物区系，保持土壤微生物环境良好。

施用土壤改良剂后的土壤

116 腐殖酸肥料的主要作用有哪些?

腐殖酸是动植物遗骸经过微生物分解和转化以及一系列地球化学过程而累积起来的一类有良好生物活性的有机高分子物质。腐殖酸有“天然腐殖酸”和“生化腐殖酸”之分。“天然腐殖酸”主要有土壤腐殖酸、水体腐殖酸和煤炭腐殖酸三大类，广泛存在于土壤、湖泊、河流、海洋和泥炭、褐煤、风化煤之中；“生化腐殖酸”主要有生物发酵腐殖酸、化学合成腐殖酸和氧化再生腐殖酸，它们的原料来源十分广泛，如农作物秸秆、木屑、制糖废渣等各种农副产品和工业废弃物。腐殖酸肥料有以下功能：一是腐殖酸能与土壤中黏土矿物生成复合体，复合体与土壤中的钙、铁、铝等形成絮状凝胶体，把分散的土粒胶结成水稳程度较高的团粒；二是提高土壤阳离子吸收性能，增加土壤保肥能力；三是提高土壤缓冲性能，改良土壤环境；四是腐殖酸对化学肥料具有调控和增效作用；五是促进土壤微生物活动，腐殖酸可提供微生物活动所需的碳源、氮源等条件，从而促进了根际微生物的生长繁殖。

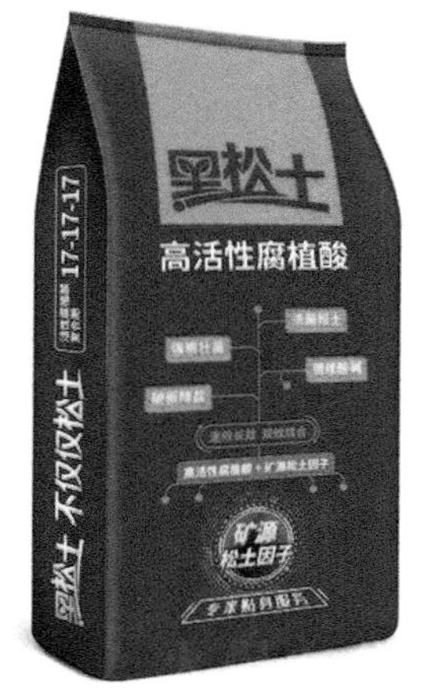

腐殖（植）酸水溶性产品

117 氨基酸水溶肥料的主要作用有哪些?

氨基酸水溶肥料是一类含有氨基酸的“植物营养液”，以农副产品资源为主要原料，通过生物发酵技术和膜浓缩技术生产的新一代高科技、多功能、环保型氨基酸液体肥料，具有水溶性好、渗透性强、肥效高、养分多等特点。氨基酸水溶肥料可以作为追肥施用，具有刺激和调节植物快速生长，促进营养物质快速吸收等作用；能够促使作物根部的活性提高，激活和扩大不定性根，并催生大量的新鲜根系，给秧苗提供充足的活力，使秧苗生长粗壮而不徒长；能很好地促进作物新陈代谢，提高光合作用的速率，并能迅速补充作物多种营养元素，也能在作物生长过程中，供给充足的养料；在植株生长后期，能显著提高果实的结果率，并迅速膨大果实，而且能使观赏作物花色鲜艳、叶色常绿，一般使用氨基酸水溶肥可使农作物早熟和增产。

氨基酸水溶肥

118 微生物菌剂的主要功效有哪些?

微生物菌剂是指目标微生物（有效菌）经过工业化生产扩繁后，利用多孔的物质作为吸附剂（如草炭、蛭石），吸附菌体的发酵液加工制成的活菌制剂。微生物菌剂可以促进土壤里固定养分的释放，改善土壤环境，增强土壤的透气性和土壤的保水保肥能力，并且菌肥中微生物的分泌物是一种良好的胶结剂，能够恢复土壤团粒结构，解决土壤板结化问题。菌剂中的微生物可以分泌抗生素类物质，抑制土壤中的病菌，而且还会与土壤中的微生物相互作用，争夺其他病菌的生存空间，抑制病菌生长，增强作物抗病能力。

119　堆沤肥的种类有哪些？

传统堆沤肥包括厩肥、堆肥和沤肥，是我国农业生产上的重要有机肥源。厩肥是牲畜粪尿与垫料混合堆沤腐解而成的有机肥料，通常北方农村称其为“圈肥”，南方农村称其为“栏粪”。厩肥出圈后，一般需要储存进一步地腐熟，腐熟后的厩肥比较松散、均匀，便于田间施用。厩肥的成分因垫圈材料种类和用量、家畜种类、饲料优劣等条件而异，据测定，厩肥平均每吨含氮5千克、磷2.5千克、钾6千克。堆肥主要是以作物秸秆、树枝落叶、杂草等为主要原料，再配合一定量的含氮丰富的有机物（如畜禽粪便），在不同条件下积制而成的肥料。堆肥会混合大量有机废弃物，堆腐过程温度变化幅度小，需较长时间才能腐熟，适用于常年堆制，堆肥的基本性质与厩肥类似，其养分含量因堆肥的原料和积制方法的不同而差异明显。沤肥也称凼肥，就是在屋旁或在田头地角挖一个坑，把草皮、杂草、稻壳、粪尿、污水等倒入坑内经沤制腐熟的一种肥料。沤肥的养分含量比厩肥的稍低，一般含氮0.3%～0.45%。

二次堆制的肥料

120 秸秆肥有什么特点?

秸秆肥是以作物秸秆、杂草、落叶等为主要原料，混合一定数量的畜禽粪尿堆制或沤制而成，其含有丰富的有机质和各种有效养分，对营养作物、改良土壤、提高肥力均有较好的效果。北方干旱地区多利用秸秆堆制有机肥，根据堆制温度的高低，堆制有机肥通常分普通堆肥和高温堆肥两种形式。普通堆肥是指堆体温度不超过50℃，在自然状态下缓慢堆制的过程；高温堆肥一般采用接种高温纤维分解菌，并设置通气装置来提高堆体温度，腐熟较快，还可以杀灭病菌、虫卵、草籽等有害物质。我国南方地区多采用沤肥方式处理秸秆，是在嫌气条件下作物秸秆的腐解，要求堆制材料粉碎，表面保持浅水层，与堆肥相比，沤制过程中养分损失少，肥料质量高。

预处理的秸秆

121 粪便类堆肥的特点有哪些?

粪便类有机肥是指以人粪尿、畜禽粪便为主料，以秸秆、树叶、农副产品等加工废弃物（酒糟、醋糟、酱渣、锯末、糖醛渣等）为辅料，经生物高温发酵处理制作成的有机肥。其原材料主要有鸡粪、猪粪和牛粪等。鸡粪含的营养元素丰富，且营养成分高，其中粗有机物49.48%、全氮2.34%、全磷0.93%、全钾1.61%。施用鸡粪肥料既增加了许多有机胶体，同时借助微生物的作用把许多有机物也分解转化成有机胶体，这就大大增加了土壤吸附表面，并且产生许多胶黏物质，使土壤颗粒胶结起来变成稳定的团粒结构，提高了土壤保水、保肥和透气的性能，以及调节土壤温度的能力。猪由于吃的是饲料，所以粪便质地较细，但是分解较慢，适宜作基肥。猪粪含有丰富的营养元素，包括蛋白质、脂肪类、有机酸、纤维素、半纤维素以及无机盐等，有机质15%，全氮0.5%～0.6%、全磷0.45%～0.5%、全钾0.35%～0.45%，比鸡粪的营养含量低。牛粪质地较细，含水量高，粪中有机质部分较难分解，腐熟较慢，发酵温度低，牛粪尿经过堆肥后可以作多种作物的基肥，尤其是在黏性土壤、有机质含量少的沙土施用效果最好。

粪便堆肥

122 污泥类有机肥的特点及施用禁忌是什么？

污泥含有大量的有机物和多种养分，也含有比污水更多的有害成分。有些污泥由于絮凝剂中含有磷，干化污泥中全磷含量达8%以上。污泥中的氮以有机态为主，其矿化速度比猪粪的要快，供肥具有缓效性和速效性的双重特性。由于不合理使用污泥造成重金属、有机物污染及病虫害等，导致严重的食品污染问题，直接危及人体健康。由于污泥来源比较复杂，容易造成土壤重金属等指标超标，为了保护耕地质量，国家《土壤污染防治行动计划》明确要求污泥严禁进入农田，污泥有机肥只能用于园林绿化。

污泥肥料

123 生活垃圾有机肥料的特点有哪些？

生活垃圾废弃物中含有农作物可利用的营养物质，如氮、磷、钾及钙、镁、硫、硅等，既可以用来制成有机肥料，提供作物养分，培肥地力，也可以防止有机废弃物污染环境。由于垃圾含有一定的重金属、微生物病菌等成分，一般需要分选机、粉碎机等进行预处理，之后再进行堆制、发酵、腐熟等工艺。把垃圾中的大量碎砖瓦、塑料制品、橡胶、金属、玻璃等物品分离出来，除去各种粗大杂物，通常使用干燥性密度风选机、多级密度分选机、半湿式分选破碎机、磁选机、铝选机等设备进行预处理。目前生活垃圾或者厨余垃圾堆肥后的产品去向为严禁种植食用农产品的农用地。

北京辛庄村生活垃圾堆肥

124 什么是海肥?

利用海洋动物性、植物性或矿物性物质制成海肥。动物性海肥一般含氮4%～8%，磷3%～6%，含钾很少。将原料捣碎，掺和土杂肥堆沤10～20天，即可作底肥、追肥施用。植物性海肥氮、磷、钾含量均较高，制作方法同动物性海肥。矿物性海肥主要指海泥，含有机质1.5%～3%、氮0.15%～0.16%、磷0.12%～0.28%、钾0.72%～

海藻有机肥

2.25%。挖出的海泥，经过一段时间的雨淋日晒，除去一部分盐分，增加可溶性养分。海泥可以作为底肥施用，但不宜用在盐碱土中，以免加重盐渍化。

125 绿肥的种类有哪些?

用作肥料的绿色植物体均称为绿肥，绿肥含有丰富的有机质和氮、磷、钾等多种营养元素，是我国农业生产中一种重要的有机肥料。我国种植绿肥历史悠久，绿肥资源丰富，一般可分为以下几种：一是按生长期可分为一年生绿肥和多年生绿肥，一年生绿肥是指当年播种当年利用的绿肥，如油菜、绿豆、田菁等；多年生绿肥是指栽培时间超过一年的绿肥，如苜蓿、紫穗槐等。二是按植物学特性可分为豆科绿肥和非豆科绿肥。豆科是利用最为广泛的绿肥，通过根瘤菌固定大气中的氮，如紫云英、苕子、草木樨等。利用生长快、根系发达、富集养分强的非豆科作物作为绿肥，如油菜、黑麦草等。三是按生长季节可分为春季绿肥、夏季绿肥和冬季绿肥。春季绿肥是指春季播种夏秋利用的绿肥作物，如春播豌豆、春油菜等；夏季绿肥是指夏播秋用的绿肥作物，如田菁、绿豆、一年生草木樨等；冬季绿肥是指秋天播种，经过一个冬天生长或休眠，到第二年春季再利用的绿肥作物，如紫云英、二月兰、苕子等。四是按利用方式可分为肥饲兼用绿肥和肥菜兼用绿肥，除作肥料用外，其幼嫩茎叶或果实可食用的称为肥菜兼用绿肥，如黄花苜蓿、豌豆、蚕豆、黄豆等；既可作肥料，又可作饲料的称为肥饲兼用绿肥，如紫花苜蓿、紫云英、黑麦草等。

冬油菜作为绿肥

126 二月兰的田间栽培要点是什么？

二月兰是北方地区常见的绿肥品种，二月兰对土壤要求不严格，耐寒旱、耐贫瘠，繁殖能力强。二月兰一般8月底至9月上中旬播种，10月至11月底保持绿叶葱翠；第二年3月返青，4月中上旬抽薹，一般5月中下旬为花期，5—6月为结荚期。种子最好选择当年通过休眠期的新种进行种植，每亩播种量1.0 ~ 1.5千克，以浅播为宜，在保证出苗墒情的情况下播深1 ~ 2厘米即可。精细整地，翻耕、耙平土壤，达到上虚下实、无坷垃杂草，保证土壤足够的墒情，做到足墒下种，从而保证种子萌发和出苗。作绿肥适时翻压是关键。在4月底至5月初二月兰盛花期翻压，生物量一般可达1 000千克/亩左右，用粉碎旋耕机械切割粉碎后翻入土壤。

田间二月兰绿肥景观

127 紫花苜蓿的田间栽培要点是什么?

紫花苜蓿为豆科多年生草本植物，对土壤要求不严，除重黏土、低湿地和强酸、强碱地外均能生长，以排水良好、土层深厚的富含钙质土壤生长最好，具有较强的耐寒性和抗旱性。紫花苜蓿种子细小，幼苗较弱，早期生长缓慢。需精细整地，灌水保墒，足墒下种。华北地区可在3—9月播种，8月最佳。每亩播量1.5～2.0千克，播深1.5～2.0厘米，干旱可播深2.0～3.0厘米，播后镇压以利于出苗。苜蓿有发达的根系可以固氮增加土壤肥力，而且在土壤中纵横穿插，能改善土壤物理性状，增加土壤有机质，是重要的轮作倒茬养地作物。苜蓿翻耕多在深秋季节，可为第二年春种作物作底肥，苜蓿生物量大，可刈割饲养牲畜，苜蓿茬地土壤肥沃，后作能大幅增产。紫花苜蓿翻压地块的后茬作物，可根据地力及作物需肥特点，相应减少化肥施用比例10%～20%，特别是减少氮肥用量，以提高肥料利用率。

紫花苜蓿

128 饼肥的施用原则是什么?

饼肥是油料的种子经榨油后剩下的残渣，这些残渣可直接作肥料施用。饼肥的种类很多，其中主要的有豆饼、菜籽饼、麻籽饼、棉籽饼、花生饼、桐籽饼、茶籽饼等。饼肥可作基肥和追肥，施用前必须把饼肥打碎。如作基肥，应播种前7～10天施入土中，旱地可条施或穴施，施后与土壤混匀，不要靠近种子，以免影响种子发芽。如用作追肥，要经过发酵腐熟，否则施入土中继续发酵产生高热，易使作物根部烧伤。饼肥的施用量应根据土壤肥力的高低和作物的品种而定，土壤肥力低和耐肥品种宜适当多施；反之，应适当减少施用量。一般来说，中等肥力的土壤，黄瓜、番茄、甜辣椒等每亩施100千克左右。由于饼肥为迟效性肥料，应注意配合施用适量有速效性的氮、磷、钾化肥。

饼肥

129 有机肥料合理施用的要点有哪些?

有机肥料合理施用要遵循以下原则：一是因作物施用。多年生作物和生育期较长的晚熟作物及块根块茎等作物，可施用腐熟程度较低的有机肥料；生育期较短的早熟作物及禾谷类作物，宜施用腐熟程度较高、矿化分解速度较快的有机肥料。二是因土壤施用。有机质含量较低的土壤应多施用有机肥料；质地黏重的土壤透气性较差，宜施用腐熟程度较高、矿化分解速度较快的有机肥料；质地较轻的土壤则可施用腐熟程度较低的有机肥料；水田使用腐熟程度较低的有机肥料应注意用量，防止有机酸和硫化氢中毒。三是因气候施用。在气温低、降雨少的地区，宜施用腐熟程度较高、矿化分解速度较快的有机肥料，在温暖湿润的地区可施用腐熟程度较低的有机肥料。四是采用合理的施肥方法。有机肥料一般宜作基肥施用。秸秆直接还田、绿肥翻压等应注意通过配施化肥等方式调节碳氮比（C/N），并注意温度、湿度、酸碱度等条件，促进微生物活动，加速有机物料分解。五是安全施用。用于粮、棉、油及蔬菜、水果等作物的有机肥料应严格控制重金属、抗生素、农药残留等有毒有害物质含量，防止污染农产品和生态环境。在有机肥料施用过程中，应防止因施用过量、过于集中而造成的污染。

液体有机肥过滤后施用

130　有机肥料施用量是不是越多越好？

施入有机肥料能够改良土壤结构，为作物和土壤微生物生长提供良好的营养和环境条件，但是有机肥料并不是施的越多就越好，这是因为农作物产量的高低与土壤中养分含量最低的一种养分相关，土壤中某种营养元素缺乏，即使其他养分再多，农作物的产量也不会再增加。比如在蔬菜生产中，长期大量施用有机肥，可导致土壤氮素过剩，不但不会增加蔬菜产量，还引起蔬菜产品中的硝酸盐含量超标，影响人体健康，只有向土壤中补偿缺少的最小养分后，农作物产量才能增加。当施肥量超过最高产量施肥量时，作物的产量便随施肥量的增加而减少，生产投入成本增加而收益却减少，在经济上也不合算。因此，不可盲目大量施用生物有机肥，应根据不同作物的需要和土壤养分状况，科学地确定施肥量，才能达到增产增收的目的。

人工施用有机肥

131 堆肥产品可以修复土壤吗？

有机肥用于土壤改良，一般用于大面积的矿山修复、新增耕地改良等区域，此时的有机肥需要具备以下特点：一是高有机质含量，这是因为，改良的土壤质量低下或者存在障碍因素，而有机质在所有土壤质量因素中发挥着最重要的作用，是改善土壤物理和化学性质的基础。二是有机质质量稳定，有机肥经过充分腐熟，腐殖质含量高，改良的土壤首先要改良物理性质，高含量稳定的有机质可以使得土壤快速拥有良好的物理条件，具备保水保肥的能力。三是养分含量低，改良的土壤作物产出较低，土壤表面易发生径流和水土流失，因此较高的养分含量会带来养分的流失并造成水体污染。

待修复的矿山

132 堆肥产品可以用作基质栽培吗？

农户经常使用有机肥和草炭混合进行温室作物生产，温室生产作物经济效益较高，对作物产量和品质具有较高要求，常年处于集约化种植条件下，因此应用于基质栽培的有机肥需要具有以下特点：一是较低的pH值和盐分，温室栽培一般需要弱酸性的（pH值6~7范围内）、低盐分（作物育苗一般在2 000微西门子/厘米以下，作物栽培一般在3 000微西门子/厘米以下）的环境，因

堆肥产品用于盆式基质栽培

此堆肥原料需要适当增加树枝、秸秆、珍珠岩等物质。二是具备较好的孔隙度和持水能力，需要将堆肥进行过筛处理以去除较大的颗粒，一般过2厘米的筛，并将筛下物以20%～40%的比例与商品基质进行混合后施用即可。

133 景观需要什么样的堆肥产品？

景观应用包括草坪、观赏植物、城市美化、屋顶绿化等，此类用途需要堆肥产品具有更大的持水能力、较小的密度、减少雨水侵蚀等主要特点，需要堆肥产品具有更高的有机质（腐殖质）含量。因此，用于景观的堆肥产品应该具有大量的有机质含量，使得景观土壤表层20厘米的土壤有机质含量快速提高到10%以上，并且含有大量的腐殖酸类物质，尽可能地减少对植物根系的潜在威胁和毒性。

多种适用于景观的堆肥产品

134 有机栽培有哪些注意事项？

有机栽培是一种在植物生长过程中完全使用自然原料的种植方法，有机栽培中要根据有机肥特性进行施肥，基肥施用的有机肥要充分腐熟后再施用，追肥中选用液体类有机肥。有机栽培中要根据有机肥的养分情况进行施肥，确定肥源的氮、磷、钾含量以及各个季度的施用情况，再根据不同作物的养分需求规律确定有机肥施用量。在培养有机耕作土壤的时候，还要考虑土壤保肥和土壤本身的酸碱反应，在保肥性上沙性土表现得较差一些，可通过增加固态有机肥提高保肥能力；对于酸性土壤，可以通过种植豆科绿肥增加土壤中的氮素。

有机栽培的羽衣甘蓝

135　有机肥在玉米上的施用要点是什么？

玉米为禾本科作物，全生育期可分为出苗期、拔节期、大喇叭口期、抽雄期、开花期、吐丝期和成熟期。玉米生长期长，植株高大，对土壤养分消耗较多，如果地力不足，应注意施用有机肥，一般每亩施有机肥1 000千克；如果地力偏高，一般每亩施有机肥500～700千克。没有灌溉条件的地区，为了蓄墒保墒，可在冬前把有机肥送到地中，均匀撒开翻到地下；有灌溉条件的地区既可冬前施入有机肥，也可在春耕时施入有机肥。春玉米对养分的需求量较大，还要大量补充化肥。由于早春土壤温度低，干旱多风，磷、钾肥在土壤中的移动性差，一般全部用作基肥。玉米对锌比较敏感，华北地区土壤缺锌比较普遍，因此要注意补充锌。

有机肥在玉米地块的应用

136 有机肥在小麦上的施用要点是什么？

小麦是禾本科作物，主要生育阶段有出苗、越冬、返青、拔节、抽穗、开花、灌浆和成熟。高产小麦基本苗较少，要求分蘖成穗率高，这就要求土壤能为小麦的前期生长提供足够的营养。小麦是生育期较长的作物，要求土壤持续不断地供给养料，一般强调基肥要足。基肥一方面能够提高土壤养分的供应水平，使植株的氮素水平提高，增强分蘖能力；另一方面，能够调节整个生长发育过程中的养分供应状况，使土壤在小麦生长各个生育阶段都能提供各种养料，尤其是在促进小麦后期稳长、不早衰上有特殊作用。基肥每亩施用农家肥2 000～3 000千克或商品有机肥500～800千克，整地前均匀地撒施在表面，然后旋耕，以保证均匀度，并配合尿素6千克、磷酸二铵13～17千克、氯化钾4～5千克，追肥以尿素为主。

在小麦田撒施有机肥

137 番茄的需肥特性及有机肥施用要点是什么？

番茄为茄果类蔬菜，具有喜温喜光、耐肥及半耐旱的生物学特性，适宜栽培在土层深厚、排水良好、富含有机质的肥沃壤土。据研究，每生产1 000千克番茄需氮（N）2.1～3.4千克、磷（P_2O_5）0.64～1.0千克、钾（K_2O）3.7～5.3千克、钙（CaO）2.5～42千克。基肥根据土壤肥力状况、土壤健康和可持续利用的原则进行科学、合理地施用。土壤肥力低或很低时，施优质堆肥12～14立方米/亩或干沼渣肥1 000千克/亩；土壤肥力中等时，施优质堆肥8～10立方米/亩或干沼渣肥600千克/亩；个别温室土壤肥力特别高时，基肥施用量应适当缩减。为保证番茄生长发育对营养的吸收利用，施用基肥既可提高地力，又可满足苗期植株生长需求。

成熟期番茄长势

138 结球生菜的需肥特性及有机肥施用要点是什么?

结球生菜适宜有机质丰富、保水保肥能力强的黏壤或壤土。一般认为，每生产1 000千克结球生菜需要吸收氮（N）3.7千克、磷（P_2O_5）1.45千克、钾（K_2O）3.28千克。结球生菜生长迅速，基肥根据土壤肥力状况、土壤健康和可持续利用的原则进行科学、合理地施用。土壤肥力低或很低时，施商品有机肥800～1 000千克/亩；土壤肥力中等时，施商品有机肥600～1 800千克/亩；个别温室土壤肥力特别高时，基肥施用量应适当缩减，均匀撒施在

有机肥施用下的生菜长势

表面，深耕均匀以保证肥力。施用基肥既可提高地力，又可满足苗期植株生长需求。适时追肥能有效提高肥料利用率，合理喷施叶面微肥以满足对微量元素的需求。

139 有机肥在苹果上的施用要点是什么？

苹果树要求的土壤条件是地势平坦、土层深厚、排水良好、有机质含量高。苹果树的根系比较发达，且根系多集中在20厘米以下，可吸收深层土壤中的水分和养分，需注意深层土壤的改良与培肥。一般认为，每生产100千克果实约吸收氮（N）0.30千克、磷（P_2O_5）0.08千克、钾（K_2O）0.32千克。基肥以有机肥为主，配合适量化肥，以秋施最佳。亩施农家肥3 000 ~ 3 500千克或商品有机肥400 ~ 450千克，尿素6千克、磷酸二铵13 ~ 17千克、硫酸钾5 ~ 6千克。萌芽期追肥促进萌芽、开花，提高坐果率，促进新枝生长，一般亩施尿素14千克、硫酸钾7 ~ 8千克。果实膨大期追肥，对促进果实的快速生长、增加含糖量、提高产量和品质具有重要作用，一般亩施尿素11千克、硫酸钾46千克。

待采摘的苹果

140 有机肥在桃上的施用要点是什么？

桃树是蔷薇科落叶小乔木，对土壤的适应能力很强。据研究，每生产100千克果实约需要吸收氮（N）0.47千克、磷（P_2O_5）0.2千克、钾（K_2O）0.75千克，比例为1∶0.42∶1.58。要控制好施肥位置与果树主干之间的距离，一般保持1米左右，在土壤上挖半径约为20厘米的肥料坑，若施肥区域的土壤肥力较差，果树生长初期可以适当缩小肥料坑与果树之间的距离。基肥以增施有机肥为主，无机肥料为辅。亩施肥量为有机肥3 000～3 500千克（或商品有机肥400～450千克），桃树萌芽期追肥，以促进开花整齐一致，提高坐果率和新梢前期生长量，以氮、钾肥为主，一般亩施尿素13～14千克、硫酸钾7～8千克。硬核期追肥有利于果实增大、新梢生长和花芽分化，以氮、钾肥为主，一般亩施尿素10～11千克、硫酸钾4～5千克。

田间管理的桃子

141 有机肥在甘薯上的施用要点是什么？

甘薯是块根作物，根系深而广、吸肥力很强、耐旱耐瘠。

每生产1 000千克甘薯要从土壤中吸收约3.5千克的氮（N）、1.8千克的磷（P_2O_5）、5.5千克的钾（K_2O），氮、磷、钾比例为1∶0.51∶1.57。甘薯苗期吸收养分少，从分枝结薯期到茎、叶旺盛生长期，吸收养分速度加快，吸收数量增多，接近后期逐渐减少，至薯块迅速膨大期，氮、磷的吸收量下降，而钾的吸收量保持较高水平。甘薯获得高产必须具备土层深厚、土质疏松、通气性好、保肥保水力强和富含有机质等良好的土地条件。甘薯对土壤酸碱性要求不是很严格，在pH值4.5～8.5范围均能生长，但以pH值为5～7的微酸性到中性土壤最为适宜。基肥以有机肥为主，无机肥为辅，每亩施用农家肥2 500～3 000千克或商品有机肥500～600千克，配合少量化肥。

生长旺盛的甘薯

142　有机肥在草莓上的施用要点是什么？

草莓属于多年生宿根性草本植物。草莓的根是须根系，根系主要分布在10～20厘米土层中，草莓对土壤条件的要求不高，但要达到高产优质就应该栽培在疏松、肥沃、透气性好的土壤中，保持土壤pH值为5.6～6.5。草莓是喜肥作物，生育期长，需肥条件要求高，草莓需肥规律为前期少、后期多。栽培草莓要施足底肥，底肥一般亩施农家肥3 000～3 500千克或商品有机肥450～500千克、尿素5～6千克、硫酸二铵15～20千克、硫酸钾5～6千克。开花期追肥一般亩施尿素9～10千克、硫酸钾4～6千克；浆果膨大期追肥亩施尿素11～13千克、硫酸钾7～8千克。

刚定植的草莓

第五章　堆肥文化和法规

143 印度如何推广堆肥？

印度对于堆肥技术的改进和推广也起到了关键的作用，20世纪30年代，印度广泛开展堆肥并改进了堆肥技术，并将改进的堆肥方法命名为“印多尔法”。起初印多尔法只应用于处理牲畜粪便，但不久便在其中加入含有各种易生物降解物质与其交替堆积，并在空旷地上进行堆垛。这些原材料包括人体排泄物、垃圾和牲畜粪便，以及稻草、树叶、城市垃圾和不易分解的废弃物。堆肥的体积大约能到1.5米高，或者填入到0.6～0.9米深的坑中堆肥，起初堆肥时间持续6个月甚至更长，期间进行1～2次通风。后来又在实践过程中将堆肥浸出液进行循环使用、提高翻堆通风频率等工作，进一步促进了堆肥技术的应用和推广。

印度社区堆肥培训

144 美国对堆肥如何规定?

美国的历史不长，但是对堆肥做了很多工作。比如在20世纪50年代，大学的师生们做了很多堆肥的研究，特别是好氧堆肥中不同变量的影响，比如温度、湿度、搅拌和通风等方面的影响，以及微生物菌剂的应用等，结果证实了堆肥前的10～15天以较大的频率搅拌物料会快速提高堆肥的稳定性；高浓度的氧气会提高微生物活性，缩短降解时间，减少堆肥所需的时间和场地。并通过对好氧、厌氧堆肥工艺和设备的升级改造，逐渐形成了系统的堆肥处理系统，并促进了堆肥工艺标准化的发展，大大提升了堆肥的效率和规模。

145 欧洲堆肥历史追溯到什么时候?

新石器时代，人类开始成规模地聚集性居住，生活习惯开始从狩猎和采集向饲养和种植转变，当居住区确定后，人们便逐渐意识并开始面对垃圾处理的问题。6 000多年前美苏尔人所居住的区域，发现了一个石头制成的垃圾坑，建设在房屋的外面，用于处理产生的有机生活垃圾，最终施用于农田。公元前2100年至公元前1800年，在希腊克里特岛的克诺索斯居住区的外围，发现了一个更大型的垃圾坑。在罗马帝国的鼎盛时期，首都居住了100万居民，

欧洲新石器文化遗址

当时开发了先进的垃圾处理系统，由管理部门组织和维持，固定人员定期收集垃圾并运出城镇，最后施用于农田；类似的情况出现在文艺复兴的佛罗伦萨，农夫早上把食物运送到城市，晚上则把载满可施用于农田的垃圾带出城市。

146　欧洲最早系统地记录堆肥在什么时候？

欧洲比较系统地记录堆肥是在13世纪，十字军东征迁移到法国南部地区，开始大规模地休养生息从事农业生产，但是大部分的农田都被撤退的穆斯林教徒破坏或者荒废多年，为此十字军开始系统地改良农田，他们的做法记录在册留存于西班牙的博物馆中，关于堆肥的记录简要如下：包括不同原料的颗粒大小、长度、树枝粉碎的直径，以保证堆肥原料适用不同的作物；木料和牲畜粪便与含水量的比值也进行了仔细的比对，确保堆肥过程顺利；准确叙述了堆体的体积，包括横切面的三角形或者梯形的大小；为了减少堆肥过程中水分的蒸发，在堆肥过程中覆盖了树枝或者土壤；并提出了不同堆肥产物在不同作物的使用建议，比如在蔬菜、果树上的用量及施用时间。

欧洲当前社区箱体堆肥

147 葬礼堆肥是什么?

美国纽约州在2022年12月31日签署相关法案，纽约州成为全美第6个允许以“人类遗体堆肥”方式进行殡葬的州。人体堆肥（Human composting）是一种比土葬和火葬更为环保的殡葬方案。人体堆肥全程大约60天，遗体被放入装有精选木屑、紫花苜蓿和稻草等材料的密封容器中，在微生物的作用下自然分解，最后转化成干燥、蓬松且富有养分的肥料，亲人可以将其用于种植花卉、蔬菜和树木。人体堆肥服务公司表示，与火葬相比，人体堆肥可减少1吨的碳排放，而与传统土葬相比，这种殡葬方式则减少了木材、土地和其他自然资源的消耗。这一新生事物带来了很多讨论，支持者认为，这不仅是一种更环保的选择，在土地有限的城市中，也是一种更实用的选择；怀疑的人认为，一个完全适用于将蔬菜残渣归还地球的过程，不一定适用于人体。人体不是生活垃圾，这个过程不符合虔诚对待遗骸的标准。

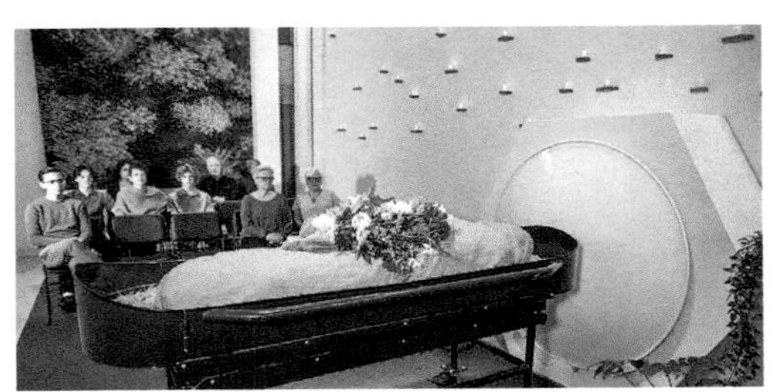

人体堆肥告别现场

148 我国有哪些著作记录了堆肥?

我国具有5 000多年的文明史，关于堆肥的记录也可以追溯到3 000多年以前，“粪”字从甲骨文到篆体的演变过程就可以看出，堆肥（粪）在我国发展史的重要性，下面列举几部系统介绍堆肥意义、实际操作的农业著作：先秦时期的《吕氏春秋》，秦汉魏晋南北朝时期的《齐民要术》《氾胜之书》，宋元时期的《陈敷农书》《王祯农书》《农桑衣食撮要》，明清时期的《农政全书》《天工开物》《沈氏农书》《补农书》等。

149 《齐民要术》记录了哪些堆肥的事？

《齐民要术》里记载了两种堆肥的方法：一是踏粪，文中描述，“凡人家秋收治田后，场上所有穰、谷积等，并须收贮一处。每日布牛脚下，三寸厚；每平旦收聚堆积之；还依前布之，经宿即堆聚。计经冬一具牛，踏成三十车粪。至十二月、正月之间，即载粪粪地。计小亩亩别用五车，计粪得六亩。匀摊，耕，盖著，未须转起”。记录了如何简易制作堆肥，并如何进行施用，特别是量化了粪肥的用量。二是绿肥，“凡美田之法，绿豆为上，小豆、胡麻次之。悉皆五、六月中种，七、八月犁掩杀之，为春谷田，则亩收十石，其美与蚕矢、熟粪同”。对比了绿豆、红豆、胡麻等几种绿肥的特点，以及绿肥的施用方式。

150 宋代土壤肥力学说是什么？

宋代陈敷著录的《陈敷农书》中详细记载了好氧堆肥的过程和特点，是我国较早的科学记录堆肥的典籍，文中提到“于始春又再耕耙转，以粪壅之，若用麻枯尤善。但麻枯难使，须细杵碎，和火粪窖罨，如作曲样；候其发热，生鼠毛，即摊开中间热者置四旁，收敛四旁冷者置中间，又堆窖罨；如此三四次，直待不发热，乃可用，不然即烧杀物矣。切勿用大粪？以其瓮腐芽蘖，又损人脚手，成疮痍难疗。唯火粪与燖猪毛及窑烂粗谷壳最佳。亦必渥漉田精熟了，乃下糠粪，踏入泥中，荡平田面，乃可撒谷种”。文中详细描述了堆肥最佳的原料种类，包括麻枯、火粪、谷壳等，还对堆肥方法进行了详细记载，并记录了堆肥施用方法，表明堆肥的生产和合理施用促进了当时水稻的高产、可持续的发展。

151 历史记载堆肥的原料都有哪些？

不同历史时期对堆肥原料的农业利用是一个逐渐认识的过程，不同阶段的农学著作均有详细的记录。北魏时期《齐民要术》提到的原料包括植物秸秆、果实、动物骨骼、动物粪便（牛粪、羊粪、猪粪等）、大麻、陈墙土等；南宋时期堆肥原料种类显著增加，新出现的有河泥、麻枯（芝麻饼）、矿物质（石灰、石膏、硫黄）、人和动物的粪便；元明时期已经对堆肥原料进行了大类划分，比如苗粪（绿肥）、草粪（生草）、火粪（灰分）、毛粪、灰粪、泥粪、粪丹等；到了清末至中国改革开放之前，堆肥原料种类更加全面，原料种类划分基本形成，一般分为粪尿类、饼肥类、海肥类、绿肥类、草炭类、杂肥类等。

152 历史记载的堆肥方法都有哪些？

明代袁黄著录的《宝坻劝农书》记载了踏粪法、窑粪法、蒸粪法、酿粪法、煨粪法、煮粪法6种堆肥方式。踏粪法就是大家熟悉的厩肥，利用饲养的动物在生长过程中混合粪便、垫料、土3种物质制成有机肥；窑粪法、蒸粪法、酿粪法3种堆肥方式类似，均是利用厌氧发酵的方式进行堆肥，堆置的原料包括粪尿、树枝、灰土、生活污水等；煨粪法指用火烧的方式制成堆肥，在田间将干粪、树枝等原料堆成堆，然后用温火进行烧制；煮粪法是较为小众的方法，将动物的粪与其骨头同时消煮，“牛粪用牛骨、马粪用马骨、人粪则用少量毛发”，将鹅肠草、黄蒿、苍耳子烧成灰后同土、粪搅拌，再将混合物浇入煮粪的汁，这种方法制作的肥料肥效高。

古代记录水稻施用粪水

153　明清江南两地如何成为粮仓？

“忆昔江南十五州，钱塘富庶称第一”这是对江南地区富庶的写照，堆肥为推动经济发展做出了重要的贡献。明末《沈氏农书》中记载江南的农事操作，围绕堆肥的事宜约占全部农事的1/4，堆肥大致分为3部分，即收集肥料、制作肥料、施用肥料。肥料收集主要有两个途径：一是罱泥（捞取河泥），江南一带河网密布并富有水产，由于雨水挟带地表肥沃的细土、无机盐、污物、枯枝落叶等汇流到沟、湖、河、塘中沉积下来，加上水生动植物的遗体和排泄物等，河泥养分较高；二是买肥，去苏、杭等大城市和附近各镇等人口集中地买人粪、牛粪。制作肥料包括厩肥和沤肥，厩肥是用家畜粪尿和各种垫圈材料混合积制而成；沤肥是以秸秆、落叶、杂草、绿肥、垃圾、河泥等为主要原料，混合不同数量的泥土和液体而成。施用肥料注重基肥和追肥搭配，“垫底之粪在土下，根得之而愈下，接力之粪在土上，根见之而反上。故善稼者皆于耕时下粪，种后不复下也”。

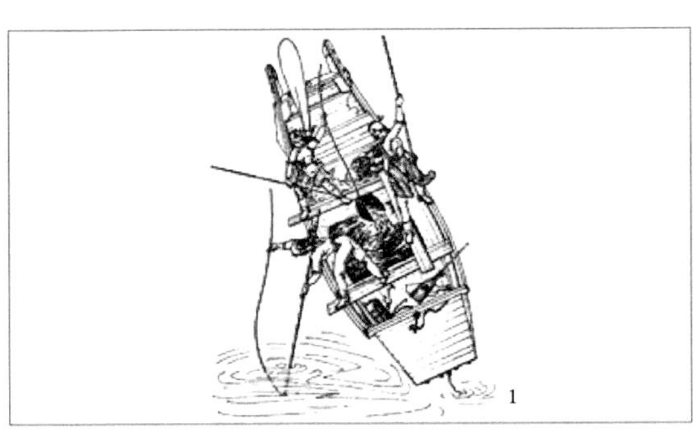

传统积肥农具罱（lan三声）泥夹

154 我国现代堆肥是怎么发展的?

中华人民共和国成立后我国堆肥迎来了快速发展时期，这一时期我国堆肥技术有了显著提高，这一时期的堆肥我们称之为现代堆肥。20世纪50—60年代为堆肥的初始阶段，主要是为了满足农业生产在农村开展的广泛堆肥，区别于传统堆肥，这个时期的堆肥规模逐渐增加，以露天条垛式堆肥为主，表面采用耕层土壤覆盖，自然通风供氧，堆肥只进行一次发酵，产品主要用于农田、果园和苗圃；20世纪70—80年代随着城镇化快速发展，城市垃圾问题日益突出，土地资源日趋紧张，有机废弃物堆肥化成为研究热点，这期间涌现出“静态发酵”“间歇式翻堆”“连续动态发酵”等诸多工艺、技术、设备，这一阶段堆肥主要采用二次发酵工艺；20世纪90年代开始，堆肥技术发展趋于成熟，堆肥设备日渐丰富和完善，堆肥产品质量标准化和多样化，堆肥产业朝着标准化、规范化的方向发展。

155 你见过堆肥的艺术品吗？

钱松喦先生的《积肥》描绘的便是20世纪50年代工农业建设的盛大劳动场面。钱松喦先生秉承着“为时代立传，为劳动者塑像”的创作宗旨，深入劳动生活，用艺术的手法将劳动者的形象和他们生活、劳作的场景精准地呈现出来。在画家的眼中，劳动不仅不是乏味且枯燥的，反而充满了生活情调和艺术美感，积肥就需要一年四季的长期劳作。中华人民共和国成立初期化肥并不普及，农业生产的模式在依靠传统劳作的基础上，以生产队为单位有序地进行。在钱松喦先生的作品中，画

钱松喦先生的《积肥》作品

面一派春意洋洋，桃花嫣红梨花雪，青山点翠人农忙，春耕劳作的审美意趣跃然纸上。作品以登高远望的视角展开，江面船只如过江之鲫，江岸劳作则如火如荼，前景远景互有呼应，自然过渡，建设劳动的奋发向上之情呼之欲出。

156 和堆肥相关的谚语有哪些？

从古至今劳动人民的智慧凝结为通俗易懂的谚语，关于堆肥的谚语有很多，可以概括为以下几类：一是关于堆肥种类的谚语，“牛粪凉，马粪热，羊粪啥地都不劣”“鸡粪肥效高，不发烧死苗”“羊粪当年富，猪粪年年强”“塘泥上了田，要管两三年”“青草沤成粪，越长越有劲”“要想庄稼收成好，罱泥捞渣绞湖草”“草无泥不烂，泥无草不肥”。二是关于堆肥施用的谚语，“驴粪谷子羊粪麦，大粪揽玉米，炕土上山药”“麦浇芽子菜浇花，稻要河泥麦要粪”“麻饼豆，豆饼花，灶灰地灰种地瓜”“冷粪果木热粪菜，生粪上地连根坏”“稻田铺上三层秆，赛过猪油碗”“草子三坐头，肥料就不愁”“肥效有迟速，分层要用足”“施肥一大片，不如点和线”。三是关于肥水配合的谚语，“追肥在雨前，一夜长一拳”“有水即有肥，无水肥无力”“秋禾夜雨强似粪，一场夜雨一场肥”“灰粪打底，水

《北京民谚》封面

粪滴淹”。

157 对堆肥原料有什么要求？

自2020年9月1日起新修订的《中华人民共和国固体废物污染环境防治法》开始施行，其中第四章和第五章对生活垃圾、农业固体废物进行了重点说明，禁止畜禽养殖场、养殖小区利用未经无害化处理的厨余垃圾饲喂畜禽，禁止重金属或者其他有毒有害物质含量超标的污泥进入农用地，以上的要求对堆肥原料的安全性做了保障。鼓励和引导有关单位和其他生产经营者依法收集、贮存、运输、利用、处置农业固体废物，加强监督管理，防止污染环境，这对堆肥工作提出了明确的鼓励和支持。

158 养殖废弃物如何处理？

《中华人民共和国环境保护法》第四章第四十九条规定“畜禽养殖场、养殖小区、定点屠宰企业等的选址、建设和管理应当符合有关法律法规规定。从事畜禽养殖和屠宰的单位和个人应当采取措施，对畜禽粪便、尸体和污水等废弃物进行科学处置，防止污染环境。县级人民政府负责组织农村生活废弃物的处置工作”。第四章第五十条规定“各级人民政府应当在财政预算中安排资金，支持农村饮用水水源地保护、生活污水和其他废弃物处理、畜禽养殖和屠宰污染防治、土壤污染防治和农村工矿污染治理等环境保护工作”。

159 粪污处理有什么依据？

畜禽粪便是最主要的农业废弃物，我国畜禽养殖业发展迅速，对保障“菜篮子”供给，促进农民增收致富具有重要意义。但是畜禽养殖业导致环境污染已不容小觑，畜禽养殖业对环境的保护亟待加强。我国还没有国家层面上专门的农业环境保护类法律法规，长期以来，畜禽养殖污染防治监管无法可依。《畜禽规模养殖污染防治条例》，自2014年1月1日起施行，全文共6章44条，分为总则、预防、综合利用与治理、激励措施、法律责任、附则6部分，对畜禽养殖废弃物的综合利用和无害化处理提出了明确要求。

160 “生态文明”对废弃物处理提出了哪些要求?

《中共中央　国务院关于加快推进生态文明建设的意见》，这是继党的十八大和十八届三中、四中全会对生态文明建设做出顶层设计后，中央对生态文明建设的一次全面部署。全文共9个部分35条，包括总体要求；强化主体功能定位，优化国土空间开发格局；推动技术创新和结构调整，提高发展质量和效益；全面促进资源节约循环高效使用，推动利用方式根本转变；加大自然生态系统和环境保护力度，切实改善生态环境质量；健全生态文明制度体系；加强生态文明建设统计监测和执法监督；加快形成推进生态文明建设的良好社会风尚；切实加强组织领导。明确指出，“推进秸秆等农林废弃物以及建筑垃圾、餐厨废弃物资源化利用”“加强农业面源污染防治，加大种养业特别是规模化畜禽养殖污染防治力度”。

161 国务院对废弃物处理提出了什么要求?

2017年国务院印发《关于加快推进畜禽养殖废弃物资源化利用的意见》（以下简称《意见》）指出，要坚持保供给与保环境并重，坚持政府支持、企业主体、市场化运作的方针，坚持源头减量、过程控制、末端利用的治理路径，以畜牧大县和规模养殖场为重点，以沼气和生物天然气为主要处理方向，以农用有机肥和农村能源为主要利用方向，健全制度体系，强化责任落实，完善扶持政策，严格执法监管，加强科技支撑，强化装备保障，全面推进畜禽养殖废弃物资源化利用，加快构建种养结合、农牧循环的可持续发展新格局。《意见》明确，严格落实畜禽规模养殖环评制度，规范环评内容和要求。完善畜禽养殖污染监管制度，建立畜禽规模养殖场直联直报信息系统，构建统一管理、分级使用、共享直联的管理平台。建立属地管理责任制度，地方各级人民政府对本行政区域内的畜禽养殖废弃物资源化利用工作负总责。落实规模养殖场主体责任制度，确保粪污资源化利用。

162　堆肥对农业面源污染有什么作用？

2015年农业部印发《关于打好农业面源污染防治攻坚战的实施意见》，明确打好农业面源污染防治攻坚战的重点任务之一是“推进养殖污染防治”。各地要统筹考虑环境承载能力及畜禽养殖污染防治要求，按照农牧结合、种养平衡的原则，科学规划布局畜禽养殖。推行标准化规模养殖，配套建设粪便污水贮存、处理、利用设施，改进设施养殖工艺，完善技术装备条件，鼓励和支持散养密集区实行畜禽粪污分户收集、集中处理。在种养密度较高的地区和新农村集中区因地制宜建设规模化沼气工程，同时支持多种模式发展规模化生物天然气工程。因地制宜推广畜禽粪污综合利用模式，规范和引导畜禽养殖场做好养殖废弃物资源化利用。

163 堆肥对化肥减量起什么作用?

化肥在促进粮食和农业生产发展中起了不可替代的作用，但目前也存在化肥过量施用、盲目施用等问题，带来了成本的增加和环境的污染，亟须改进施肥方式，提高肥料利用率，减少不合理投入。为此，2015年农业部制定《到2020年化肥使用量零增长行动方案》（以下简称《方案》），该《方案》总体思路之一是“增加有机肥资源利用，减少不合理化肥投入”。该《方案》明确重点任务之一是“推进有机肥资源利用”。一是推进有机肥资源化利用。支持规模化养殖企业利用畜禽粪便生产有机肥，推广规模化养殖+沼气+社会化出渣运肥模式，支持农民积造农家肥，施用商品有机肥。二是推进秸秆养分还田。推广秸秆粉碎还田、快速腐熟还田、过腹还田等技术，研发具有秸秆粉碎、腐熟剂施用、土壤翻耕、土地平整等功能的复式作业机具，使秸秆取之于田、用之于田。

164 有机肥如何替代化肥?

为了进一步推动养殖废弃物堆肥处理、肥料利用，2017年农业部印发了《开展果菜茶有机肥替代化肥行动方案》，明确重点任务：一是提升种植与养殖结合水平。综合考虑土地和环境承载能力，合理确定果菜茶种植规模和畜禽养殖规模，引导农民利用畜禽粪便等畜禽养殖废弃物积造施用有机肥、加工施用商品有机肥，就地就近利用好畜禽粪便等有机肥资源，实现循环利用、变废为宝。二是提升有机肥施用技术与配套设施水平。集成推广堆肥还田、商品有机肥施用、沼渣沼液还田、自然生草覆盖等技术模式，推进有机肥替代化肥。在果菜茶产地及周边，建设畜禽养殖废弃物堆沤和沼渣沼液无害化处理、输送及施用等设施，配套果菜茶生产的机械施肥、水肥一体化等设施，应用设施环境调控及物联网设备，提高有机肥施用和作物生产管理机械化、智能化水平。

湖南宜章丘陵茶园有机肥替代化肥